婴幼儿心理百科

父母常见养育问题
科学指南

0-2岁

新修版

신의진의
아이심리백과세트

[韩] **申宜真** 著

任李肖垚 译

贵州出版集团
贵州人民出版社

推荐序

　　婴幼儿时期（0—6岁）是孩子成长的关键期，作为父母，非常有必要了解婴幼儿心理。

　　在发展心理学的研究和教学中，我阅读和参考得比较多的是北美的教材及相关书籍，再加上语言屏障，鲜少关注日韩等国心理学家所著的书籍。所以当后浪出版公司的编辑联系我推荐他们引进的韩国《婴幼儿心理百科（新修版）：父母常见养育问题科学指南》时，我以不了解韩国心理学家和心理学科为由拒绝了。编辑希望说服我，说寄给我看看再决定。我想这也是个了解韩国心理学科的机会，便答应先看一看书的内容。我将这套书的三本书通读了一遍，感觉它们在内容上比较符合我的专业预期，对婴幼儿的养育者和照护者来说是一本十分有价值的工具书，于是便有了这篇推荐序。

　　接下来，我将从内容层面就自己对这套书印象比较深刻的三个方面与大家分享。

　　首先，这套书所涉及问题具有普遍性。作为一个母亲，亲历过养育历程；作为一名心理学工作者，特别是发展心理学教学研究人员，从我在课上讲的内容和听众在讲座中提的问题来看，感觉本书所涉及的问题的确是养育者和照护者们每天都可能面临的，有的时候这些问题甚至会让人焦头烂额。而抓住了关键点，有了针对性，就可以起到帮助的作用。其实心理学不只能给人们提供解决心理问题和挑战的具体做法，更重要的是可以帮助人们理解事情的来龙去脉、前因后果。了解了事情可能是怎么回事，就可以帮助人们缓解由于不清楚状况导致的焦虑。而在焦虑平息、情绪稳定的情况下，我们更容易针对具体的问题采取适宜的行动方案。

其次，这套书对问题的解答理论与实践相结合。我非常在意心理学科普中的科学性，很害怕一些书籍误导读者。当然这对科普读物的要求真的很高，不是那么容易做到。这套书看下来，总体而言，讲解到位，解释清晰，内容科学，但有一处我觉得还有待商榷，需要提醒读者注意，那就是在0—2岁那本书的第282页"妈妈的产后抑郁症可能是最大的问题"这一部分。自查量表只是一种提示，用于帮助家人了解产妇的状况。如果产妇到了"产后抑郁症"的程度，建议及时寻求专业的帮助和支持，心理学知识配合专业的帮助和支持，才能起到更好的作用。

再次，这套书的编排结构非常有助于读者进行信息搜索和信息接受。每一本都包括每个年龄段孩子的"父母最关心的20个问题"，每个年龄段孩子的生理发育、社会性发展和面临的生活转折等问题，以及每个年龄段孩子的父母"绝不能忽视的孩子发出的5个危险信号"这3部分内容，再加上小贴士中专业知识说明的加持，读者既可以从头到尾通读，以便对每个年龄段孩子的问题有一个大致的把握，也可以在遇到相关问题时即时找到相应的内容，迅速了解对该问题的解释和可能的解决方案。

在毕生发展过程中，每个时刻每一个个体都会在一个发展的点上，因此当家长跟孩子在不同年龄，也就是不同的发展点上相遇时，会遇到不同的问题。家长们既要了解孩子一般的发展规律，也要根据自己遇到的挑战采取个体化的应对方法和策略。希望这套书可以帮助家长们更好地理解自己的孩子，也祝愿孩子们健康、快乐地成长。

苏彦捷

北京大学心理与认知科学学院

2023 年 01 月 16 日

新版序　销售30万册特别纪念版

不知不觉间，我已经作为小儿精神科医生工作 25 个年头了。在这期间，为 60 多万名父母与孩子提供过心理咨询与治疗的我，一直以来的心愿只有一个，那便是所有的父母与孩子都能健康地生活。但是随着时间的流逝，出现问题的父母与孩子不减反增。尤其当看到一些父母忽视对孩子心灵的关注，只在乎孩子是否能够成才时，我感到十分愤怒。在我职业生涯的初期，我时常会批评、教育前来寻求帮助的父母，让他们不要再伤害孩子了，甚至会提高嗓门质问他们"是否要毁了孩子才肯清醒"。

但后来，我自己也成了妈妈，并需要同时抚养两个孩子。一个是患了抽动障碍①的大儿子；还有一个是在患病的哥哥身边长大，总是渴望得到关心，因此不断唱反调的小儿子。这时我才明白，那些曾经被我训斥过的父母，他们内心也同样想抚养好自己的孩子。只是初为人父人母，难免感到彷徨，而当他们在诊室里放声痛哭时，本应对他们给予共情的我却没有做到。一想起这些过往，我便感到十分羞愧。因此，我怀着抱歉

---

① 一般指儿童抽动障碍，是一种起病于儿童和青少年期，以快速、不自主、突发、重复、非节律性、刻板、单一或多部位肌肉运动抽动或发声抽动为特点的复杂的慢性神经精神障碍。——编者注（若无特殊说明，本书脚注均为编者注）

的心情开始撰写这套书——《婴幼儿心理百科：父母常见养育问题科学指南》①。虽然无法将庞杂的育儿知识全部融入这套书里，但我希望读者每次需要时，便可以立刻拿出来阅读、参考，并从中获得帮助。我将本套书内容按照0—2岁、3—4岁、5—6岁的年龄段进行了分类，并从自己作为一名抚养了两个小孩的母亲的育儿经验，以及一名小儿精神科医生在为患者提供治疗的过程中所获取的实战经验出发，尽可能详细地解答父母们最关心的问题。

起初，我并未预料到这套书会长久地受到大众的关注和喜爱。我有时甚至会在意想不到的地方遇见这套书的读者，这让我体会到了这套书的影响力。听到有人因这套书受益，我也很欣慰。但不知从什么时候开始，我产生了"这套书真的称得上是一套完美好书吗？"的疑问，也常常陷入自省之中。因此，在这次的销售30万册特别纪念版里，我根据已经发生了变化的育儿环境，重新挑选了一些父母们最想要知道答案的问题，并参考2020年新的育儿趋势对原版的内容进行了增删，同时还在书中新增了一项各年龄段孩子父母"绝不能忽视的孩子发出的5个危险信号"，以便让读者自行诊断孩子的心理健康状况。

当然，我并不认为这套书可以完全消除新手父母们的不安与焦虑，因为我深知为人父母者，内心究竟有多么焦虑和恐

① 本套书共3本，此为第1本，另两本分别为《婴幼儿心理百科（3—4岁）：父母常见养育问题科学指南》和《婴幼儿心理百科（5—6岁）：父母常见养育问题科学指南》。

惧。请不要认为自己不会成为这样的父母——嘴里说着很爱孩子却将只知道背书的"怪物"称赞为天才的父母，无法接受孩子达不到自己期待的爸爸，总是将自己的孩子与其他孩子进行比较、不断给自己的孩子施加压力的妈妈。我们都有可能成为这样的父母。

说实话，我也曾表面假装不在意但内心梦想着自己是个完美妈妈，我也曾希望自己的孩子完美无缺。所以那时我常会逼迫自己，甚至会不断责问孩子"为什么连这个都做不到"。然而，越是这样，我便越感到辛苦；但要是在某个瞬间，我放下了追求完美的执念，心里就会一下子轻快起来，望子成龙的欲望也变得不那么强烈了。慢慢地，我开始明白，即使孩子不完美，也不影响我对他的爱。不完美的孩子让我了解到什么是完整的幸福。事实上，我并不是一个会轻易感到后悔的人，但在孩子的事情上却时常有些懊悔："我要是能再早点放下完美主义的执念，再早点摆脱焦虑和急躁的泥潭，那就更好了！"想到自己在那段自我逼迫、不断给孩子施加压力的岁月里，未能多抱一抱孩子，尽情地去爱他们，我便感到十分遗憾。

我真心希望，阅读这本书的新手父母们不要和我一样为此感到后悔。孩子们所渴望的，并不是将自己的衣食住行都照料得无比周全的完美父母，而是无论何时都能与自己目光交汇、认真倾听自己的心里话、全心全意地爱自己的父母。因此不管在什么时候，都不要过于追求完美，也不要责备自己做得不够好，而是要尽情去享受与孩子在一起的时光。同时，也一定不要在阅读了这本书后，就下定决心要百分百按照书中的要求去做。其实，只要你努力做到书中内容的百分之六七十，便已经足够好了。最后我还想说，在这个世界上，我们每个人最珍爱的人不应该是孩子，而应该是我们自己。因为只有幸福的父母，才能培养出幸福的孩子。

申宜真

2020 年 6 月

前言　致1—2岁孩子的父母们

我怀老大庆模时，曾经很愚蠢地认为，生完孩子后就能重新恢复自由，想干什么就干什么。甚至在坐月子期间，还计划之后一定要把一直没学的东西学起来。后来才发现这是不可能的事情。产后的生活比产前的辛苦很多。一天 24 小时都得围着孩子转，没有半点个人空间。那时我才深刻体会到人们常说的那句：孩子还是在肚子里时最好。

新手妈妈的路十分艰难。老大庆模性格敏感，爱哭闹，夜里容易醒来，也不怎么吃辅食，还有些认生，除了经常带他的人，其他一律生人勿近。那时我甚至产生过"这孩子为什么这么难带？""他是来报复我的吗？"之类荒唐的想法。

为了尽快适应妈妈的角色，我开始埋头苦学。也因此开始知道，庆模身上表现出的一些倾向，是他天生的气质和发育的问题导致的。所以，说到底其实是我这个妈妈做得不好，我没有耐心去了解孩子，只知道整天发脾气，甚至为此责怪孩子。意识到这个问题之后，我花了一年时间努力去认识和了解庆模的性格脾气。

在孩子出生后的第一年时间里，父母最应该重视的是满足孩子的生理需求。因为，这时孩子尚处于"身心合一"的阶段，身体发育就等同于心理发育。因此，为了让孩子的身体保持最佳状态，父母要按时喂他们吃东西，按时哄他们睡觉，按时让他们排便并帮他们清理干净。这些都非常重要，父母必须通过做这些才能跟孩子建立起坚韧的情感纽带，从而在任何时候都不至于被摧毁。孩子咿咿呀呀学说话时，父母就算听不懂也要附和他们说："啊，原来是这样啊！"；孩子笑起来时，父母要跟着他们一起笑；孩子希望父母拥抱他们时，父母纵使手上打着石膏，也应该张开双臂；孩子想去外面玩耍时，父母就要背着他们出去。

对于那时还是新手妈妈的我来说，这些都不是容易的事情，所以我会主动向身边人寻求帮助。一番努力之下，我们家终于请来了可以在白天代替我精心照顾孩子的育儿保姆。我也会叮嘱孩子爸爸，让他一有空就跟孩子一起玩。当然，我自己也同样付出了不少努力。比如，为了抽出时间陪孩子而减少了睡眠时间；又比如，周末常一边搂着熟睡的孩子一边强忍着困意学习育儿知识，等等。现在回想起来，产后第一年对孩子，我真是毫无保留地付出了全部的爱，那爱足可谓"热气腾腾"！那时孩子就是我生活的全部。

这之后，刚过周岁的庆模学会了耍性子，当时的我甚至觉得这个世界上没人比他更执拗了。只要我说"不行"或不满足他的要求，他便会将手指放入嘴里，做催吐的动作，真不知道他这是从哪里学来的。老二正模呢？大部分时候都能安安静静地在一边玩，但稍微碰到不顺心的事，就会又哭又闹，甚至还会用头撞地板，简直让我难以承受。

看着耍性子的孩子，我知道"斗争"正式开始了。孩子过了周岁之后，"不要""不做"之类的话就会一直挂在嘴边。在父母看来，孩子这是在耍脾气；但其实对孩子来说，这意味他们终于有了"自我"的概念，他们慢慢认知到了"我"是跟妈妈不一样的存在。孩子能自由行动后，便会不断探索，试图了解自己生活的这个世界究竟是什么样子的。他们对一切都感到好奇，必须要探索一番才肯罢休，而父母却无法对孩子放任不管，因此在父母与孩子之间便会不断出现大大小小的摩擦和矛盾。

我不禁感叹，如果当初我能以正面的态度对待孩子的固执行为，深刻地认识到这其实就是孩子的自我意识形成的过程，那我养育孩子时的心情就会变得更加幸福吧！虽然道理都懂，但当我真正碰到孩子耍赖不听话时，还是会经常怒不可遏。

尽管如此，我也曾努力试着尽量不去限制孩子的行为。在孩子的这段时期，父母要做的最重要的事是，避免让他们陷入负面情绪之中。身体自由之后，孩子总想"任意妄为"。遗憾的是，此时的他们想做就能做到的事情并不太多，就连堆积木对他们来说都十分费劲。孩子会因此而感到受挫，然后通过耍赖和发脾气的方式把对挫折的不满和愤怒发泄出来。

当孩子因陷入挫折而感到难过时，父母应该温柔地安抚他们。同时，如果他们想做的事情不危险的话，父母完全可以放手让他们去尝试一下。因为亲身积累的经验有助于帮孩子塑造正面的自我形象，并最终转化成他们今后面对这个世界不可或缺的自信。

孩子的自我意识越是强烈，父母就越是容易感到疲惫。自我意识会在孩子1—4岁之间逐渐形成。在这期间，父母与孩子之间可能每天都会爆发争吵，孩子会越来越不听话，越来越爱闯祸。父母因而会被气得咬牙切齿、暴跳如雷，但没有办法，这就是孩子发展出独立人格所必须经历的过程。

现在回头看，我觉得自己之前做错了很多事情。"那时要是这样做该多好啊""原来是因为这样孩子才会做出那种行为啊"，类似这样的想法不知在脑海中冒出过多少次。一想起自己以前在诊室里对待患儿父母的那副嘴脸，我就会陷入深深的反省，同时对两个孩子在我这个时常犯错的妈妈身边还能茁壮成长心怀感恩。

只要站在孩子的角度去思考问题，父母所有的疑惑都会得到解答，也会开始明白究竟应该如何养育孩子。不过，很多事情都是说起来容易做起来难。因此，我从过去25年间为60多万名父母与孩子提供咨询的诊疗记录以及各个育儿网站的案例之中，挑选了一些0—2岁孩子父母最关心的问题，并附上了参考解答。当然，这本书不仅仅以婴幼儿心理发展理论及临床经验为基础，还有我作为一名抚养了两个孩子的母亲的真实的育儿经验作支撑。希望这本书可以为每天与孩子斗智斗勇的父母们提供哪怕一丁点儿帮助。最后我还想说，无论是什么样的教育，如果能考虑到孩子20年后的人生，而非仅仅着眼于当下，那便是再好不过的了。

目　录

0—2 岁孩子父母最关心的 20 个问题

第1部分　1岁（0—12个月大）

身体发育即心理发育·57

第2部分　2岁（13—24个月大）

0—2 岁孩子父母绝不能忽视的
孩子发出的 5 个危险信号

?

0—2 岁孩子父母
最关心的 20 个问题

Q1
妈妈和孩子真的会性格不合吗？

许多父母认为孩子的性格是与生俱来的，难以改变。他们嘴里总是说着"我家孩子天生就很胆小""他从小就性格偏执、倔强"，好像认命了似的，任由孩子性格自由发展。

但是，父母绝不能纵容孩子的不良性格，而是首先应该对孩子性格中糟糕的部分予以接纳，然后再帮助他们去改正，以免孩子在成长过程中受到他们不良性格的影响。

在这种情况下，父母不能强行逼迫孩子改掉自己的不良性格，也不能企图用父母心中的标准去管教他们。举个例子，一个性格散漫的孩子突然在大庭广众之下要性子，大吵大闹，父母便会感到不知所措，赶紧予以劝阻；有的父母由于觉得这样太丢人了，还会恼羞成怒，甚至动手打孩子。但这样通过强行镇压或发脾气的方式进行处理，实际上对孩子性格的纠正起不了太大的作用。如果遇到性格强硬的孩子，这种粗暴的手段反而会刺激他们大脑中压力激素的分泌，给大脑的正常发育造成不良影响，导致孩子变得更加顽固，更加难以调节自己的情绪。

因此，如果孩子情绪变得不稳定，父母首先应该做的便是调整孩子周围的环境，帮助孩子重新获得安全感。在这之后，再告诉他们刚才哪里做错了。

ᘓᘓᗢ **如果孩子过于胆怯**

孩子性格内向胆小，父母便会担心他们今后交不到朋友。但其实这样的担心是多余的，因为时候到了，孩子自然就会离开父母的怀抱。当他们发现这个世界上还有很多事情比跟父母一起玩耍更有趣时，不需要父母催促，自己就会"往外跑"。

有的孩子可能会表现出对妈妈的过度依赖，实际上他们都有自己的"苦衷"。如果在孩子年幼的时候，妈妈因为感到焦虑，强行让孩子与自己分离以让他们学会独立，或是故意不搭理黏着自己的孩子，便可能会导致孩子缺乏安全感，从而对妈妈的依赖进一步加深。

在这种情况下，父母首先要让孩子远离所有可能会使他们感到害怕的人，并仔细观察在那些总是表现得很胆怯的孩子周围，是否有总是欺负他们的朋友或时常大声训斥他们的讨厌长辈。如果有的话，一定要努力避免让孩子与这些人接触。父母要尽可能地保护孩子，给予他们足够的安全感和爱意，以帮助孩子建立自信心。

另外，大部分性格胆小怯懦的孩子跟妈妈之间的依恋关系都存在一些问题。不安稳的依恋关系会使孩子的性格变得消极。因此，父母需要观察孩子是不是因为缺乏母爱才会表现出胆小怯懦的特质。如果是的话，就要给予孩子足够的关爱。父母还要学会更加耐心地对待孩子，心平气和地处理孩子身上出现的问题。

⌒ 如果孩子过于活泼

　　相反，也有一类孩子过于活泼、行为极度冲动。他们总是无所畏惧，不管面对什么都一个劲儿地往前冲，经常大喊大叫，表现得十分亢奋，还会做出一些让父母感到震惊的出格行为。

　　一些父母认为孩子出现这些行为必须立刻予以纠正，因此常会像对待犯人一样，严厉地管教孩子。但是，孩子的很多问题不可能因为父母随便发发脾气、骂上几句就轻易得到解决，这就好像一个还没学会走路的孩子不可能会跑步一样。孩子在3岁之前，不管做出多么令人抓狂的行为，父母都应该尽力去维护他们，理解他们，让孩子在父母的疼爱下建立起自信心。

　　另外，对于这类孩子来说，如果周围好吃、好玩、好看的东西太多了，他们反而会因此而感到痛苦。请试着静静地在一旁观察那些行为偏激的孩子，你将发现他们往往会在一番亢奋之后流露出焦虑的情绪，这是因为这些孩子自己也难以承受亢奋的情绪，感到很累。

　　总的来说，如果孩子做出的极端偏激行为让父母感到不知所措，父母就需要观察孩子身边是否存在一些可能会给他们带来刺激的人或事物，并试着转换一下环境。周围是不是有比自己的孩子情绪更加激动的孩子，或是家里有没有什么会引发孩子情绪激动的物品。如果孩子的周围有这些刺激的话，最好将孩子与这些刺激他们的人或事物分隔开来。此外，父母平时也可以多花一些心思来营造让孩子感到情绪舒适的环境。为了以防万一，在这类孩子的性格得到改善之前，父母要尽量避免带他们去杂乱的市场或人来人往的餐厅等地方。

Q2
孩子大哭大叫时应如何处理?

孩子会通过哭的方式来表达自身的情绪,有一些孩子时常一哭就停不下来,他们感情发泄的方式更为激烈,更让父母觉得难以应对。这可能是孩子天生的气质原因导致的,也可能是因为孩子患有某种先天性疾病。一些曾在新生儿①时期接受过手术或饱受过过敏性皮炎等慢性疾病折磨的孩子,在病情痊愈后性格可能会变得偏激、敏感。

现在这个社会,只要孩子一哭闹,父母便会着急得不知如何是好。但在以前的年代,父母会淡定地在一旁等着孩子哭完。如今大部分家庭都只有一两个子女,父母自然是整天提心吊胆的。如果孩子开始哭闹,可以先仔细观察一下他们是否有哪里不舒服,确定没有什么大问题的话,先安抚好自己的担忧情绪,然后再去哄孩子。这样会让孩子开始学习如何调节自己的情绪。尽管每个孩子的情绪表达方式天生不同,但他们都会从身边最亲近的人身上学习如何自我调节。看到父母从容应对的样子,孩子也会慢慢地知道应该如何摆脱负面情绪。

ᕮ 在孩子开始哭闹之前做好预防措施

仔细观察孩子后我发现,在他们开始哭闹之前赶紧采取相

---

① 指自娩出母体起至出生后未满 28 天这一段时间的婴儿。

应的预防措施是一个明智之举。正模小的时候，我一直是这样处理的。以前正模在玩耍的时候，稍微遇到不顺心的事就会大哭大闹，经常弄得我不知所措。而他偏偏又是那种一哭就会停不下来的孩子，很多时候为了哄他，我把自己搞得筋疲力尽。于是我便下定决心——"从一开始就不能让他哭"，并习惯了在孩子哭闹之前就做好预防措施。

其实方法很简单，那就是在感到孩子快要哭起来时，立刻将他们的注意力转移到其他地方。如果这个方法不起作用，那就先顺从孩子的意思，他想要什么都拿给他。虽然也有人认为这样做最终会惯坏孩子，但我觉得在这个阶段，比起纠正孩子的坏习惯，更重要的是避免让孩子受挫，教会他们调节自身情绪，并懂得如何维持情绪的稳定。

情绪不稳定，自然就无法养成良好的习惯。如果孩子无法在这一阶段学会调节愤怒或遭遇挫折后的负面情绪，便会对下一个阶段的发育造成影响。比如，如果孩子在2岁时尚未学会自我调节，一直等到3岁才完成这个发育任务的话，那么孩子大脑的发育也会跟着变得迟缓，进而导致孩子的认知发育受到阻碍。父母必须要明白，一哭就收不住，不仅会令孩子的情绪变得更加不稳定，还会影响孩子认知方面的发育。

还有一些孩子像刀刃一样锋利，父母常担心他们因此而过于强势，今后的人生路不好走。但其实，只要在孩子小的时候好好引导，就不会对其成长造成太大的影响。同时，如果孩子能将自身的性格特点发挥在合适的地方，反而可能成为这个社会不可或缺的人才。请记住，这个世界并不是只需要八面玲珑的圆滑之人，同样也需要言辞犀利、敢于发表自身看法的人。

Q3
孩子 2 岁之前，妈妈一定要在家守着他们吗?

从结论来看，妈妈并不是非得在家守着孩子不可。但是，在孩子 3 岁之前，最好不要轻易变换孩子的主要照护者。孩子的主要照护者是妈妈、奶奶还是育儿保姆都无所谓，但必须得是细心敏锐、能够照顾好孩子的人。之所以强调 3 岁，这主要是由孩子的大脑发育过程决定的。孩子到了 3 岁之后，就具备了忍受独处的认知能力，哪怕是要与依恋对象分开。比如，孩子可能会在心里告诉自己"再等一下，妈妈就回来了"，进而凭借着这个想法克服妈妈暂时不在身边的焦虑。

∾ 假如你是职场妈妈

当今社会，育儿已经不再是妈妈一个人的事了。随着双职工家庭的增加，申请育儿假的爸爸越来越多，妈妈以外的主要照护者的数量也在增加。现在，越来越多的孩子是在爷爷奶奶、托儿所老师或育儿保姆的照顾下长大的。不过即便如此，孩子最依赖的仍是父母。但如果妈妈需要工作，平时能够照看孩子的时间就主要集中在了下班后的晚上至隔天早上上班前的这个时间段。那些一直以来认为"孩子当然应该要由妈妈来带"的人，自然会觉得这样做是非常不妥当的，因为这可能会导致孩子在成长过程中缺乏母爱。职场妈妈自己每天早上离开孩子去上班时，心里也充满了愧疚，总担心自己与孩子之间难以形成稳定的依恋关系。

然而已经有不少研究结果表明，职场妈妈与孩子之间并不一定会出现太大的问题。她们只要能在下班后花上几个小时用心陪伴孩子，同样可以与孩子维持稳定的依恋关系，孩子也能够健康成长。也就是说，在孩子的陪伴上，质比量更加重要。

近来也有不少妈妈将孩子寄养在婆家或娘家。在这种情况下，有一个问题需要注意，那就是，父母可以周末去孩子寄养的地方，陪他们一起睡觉，但尽量不要将孩子带回家。因为如果孩子突然被带到一个陌生的环境，和平时照顾自己的爷爷奶奶分开的话，就可能会感到不安和焦虑。"怎么说也是住在自己的家里更舒服、更好吧"，这样的想法只不过是父母一厢情愿的错觉罢了。对于已经熟悉了爷爷奶奶家环境的孩子来说，爸爸妈妈的家只不过是一个陌生的地方。因此，如果需要将孩子寄养到其他地方 6 个月以上再带回身边抚养的话，父母就应该给孩子一定的时间适应，比如将曾照顾过孩子的奶奶接到家里来，陪孩子一起生活几个月。

⌒⌒ 比起陪伴孩子，妈妈更需要学习育儿知识

有些妈妈在跟孩子分开生活两三年后，便不知道应该如何面对孩子了。由于缺乏感情基础，有些妈妈看孩子的眼神就像看陌生人一样，更别说要在里面饱含疼爱之情了。这时便需要妈妈付出极大的努力，去跟孩子建立亲密关系。但妈妈也无须

质疑自己是否缺乏做母亲的本能，并因此而感到愧疚。事实上，母性并非一种本能，它并不能在我们成为妈妈之后自动释放出来。抚养好孩子的前提是，妈妈的精神要健康、思想要成熟，否则就会陷入困境。因为这个过程实在是太烦琐了，我们需要不断安抚无缘无故频繁哭闹的孩子，需要每隔两三个小时就为他们准备一次食物，需要一天给他们洗三四次残留着呕吐物的衣服。而在经历了这一切之后，妈妈们还得不厌烦孩子，仍将他们视作自己的珍宝。

因此，妈妈们必须多多学习与孩子成长发育相关的知识，具备调节自我情绪和解决各种突发状况的能力。这些能力妈妈们不会无师自通，因此需要不断加以学习。正因如此，我每次都会叮嘱前来寻求帮助的妈妈们："多学习一些婴幼儿心理学的知识吧。"请记住，即使每天都和孩子待在一起，也并不意味着你就是一个好妈妈。每天跟孩子待在一起却照顾不好他们，最后甚至可能会毁了他们。

Q4
孩子行动迟缓，走路不稳，是否与情绪发育有关?

"邻居家小孩走路很稳，还会跳舞，但我家孩子连路都走不好。"

有的孩子在其他方面都表现得很正常，就是行动迟缓，看起来没有其他小孩那么机灵，走路也很容易摔倒。出现这种情况单纯是因为运动发育迟缓吗？

⌇ 运动发育与情绪发育是相辅相成的

运动发育与情绪发育可以说是手推车的两个车轮，尤其是在孩子 6 岁以前的成长期。就像车轮需要同时滚动前行一样，运动发育与情绪发育也是同步的，两者关系十分密切，其中一方面发育迟缓，就会对另一方面的发育造成阻碍。

比如，有些容易感到焦虑和恐惧的孩子，其实在身体方面并不存在问题，但却出现了学步晚的现象。这是因为尽管这些孩子的运动能力正常，但胆子小、容易感到害怕，这就使得他们不敢迈开步子学走路，从而导致这些孩子的精细动作（即小肌肉动作）能力的发展也出现迟缓。因为要想孩子的精细动作能力得到锻炼，就要让他频繁地活动身体，多多进行尝试。然而胆怯的孩子什么都不敢做，每天只想静静地待着。孩子的运动能力如果因此而落后于其他孩子，就会破坏他们心中的自我形象，进而影响他们的情绪发育，使得他们更加缺乏安全感，由此陷入一个恶性循环。

⌇ 孩子的运动能力不足，请先从情绪方面找原因

如果你的孩子运动发育迟缓，你应该先看看孩子是否存在焦虑的问题。如果孩子是因为情绪方面的原因而导致的运动发育迟缓，那么根本的解决办法是，消除使孩子感到害怕和缺乏

安全感的因素并提高孩子的自信心。

有的父母会牵着孩子的手，强迫孩子练习走路。如果一直强迫孩子走路，不仅可能会使孩子对走路产生反感情绪，甚至还会使孩子形成"我怎么连路都走不好"的负面自我形象。

还有一些孩子，不是不会走路，而是不想走路。他们的情绪发育正常，爬得也快，就是不会走路。这可能是因为他们本身性格急躁。对他们而言，跌跌撞撞地走路不如爬行来得快，所以他们不想练习走路。如果孩子属于这种情况，父母无须过多担心，因为这些孩子通常在 14 个月大时就会开始学步。

如果孩子天生慢性子，他们的运动发育也会相对慢一些。这样的孩子做什么都不着急，所以走路也学得晚一些。

需要特别注意的是，有些孩子的身体发育问题是其大脑发育异常导致的。这样的孩子在行走坐卧方面都不稳当。作为父母，必须尽快寻求专业人士的帮助，例如儿童康复医学科的医生。

Q5
是否能够逃脱产后抑郁症的"魔掌"？

女性在分娩之后会短暂地出现情绪波动、悲伤和抑郁的感觉，这被称为"产后抑郁"（baby blue）。产后抑郁通常出现在分娩后的 3—10 天，这是分娩过程中产生的压力、女性激素①的急剧变化以及产妇身体方面的变化等各种原因造成的。一般来说，头胎分娩后的女性出现这些症状的可能性更高，约占产妇的 50%—70%。不过，大部分产妇会在分娩大概 2 周之后自行恢复。如果这种状态持续的时间超过 2 周，我们便需要警惕其是否患上了产后抑郁症（postpartum depression）。

"生孩子后只能辞职整天待在家，真的快疯了。也没有人帮我照顾孩子，老公总说自己忙，装作什么都不知道，我当然会觉得非常辛苦了。"

报告显示，约有 10%—15% 的女性在分娩后经历过产后抑郁，比如无缘无故感到情绪低落，动不动就觉得烦躁，因为一点小事而焦虑不安，食欲不振，敏感爱哭，偶尔感觉心里堵得慌，夜里睡不着觉，等等。其中一部分人还会对孩子和老公感到无比厌倦，甚至产生自杀的冲动。

例如曾有一位患者，她会因为 15 个月大的孩子将食物弄洒或是不停哭闹而控制不住地打骂孩子。尽管她此前也满心欢喜地期盼着孩子的到来，但在孩子真的出生之后，育儿的巨大压力却使她崩溃了。

᧿ 向丈夫、父母和朋友倾诉烦恼

产后抑郁症的可怕之处在于它会使妈妈自己乃至整个家庭都变得不幸。首当其冲的便是孩子，他们会因为妈妈患上了产后抑郁症而受到极大的负面影响。

———————————————

① 女性激素主要包括雌激素和孕激素。

一位发育心理学家曾做过一个实验，通过妈妈的表情变化来观察孩子的反应。结果发现，如果妈妈带着抑郁的表情注视孩子 3 分钟，孩子就会无法忍受，不知所措。而在这 3 分钟之后，即使妈妈再次面带笑容看着孩子，孩子也会表现出对妈妈的警惕，不敢轻易靠近妈妈。此时如果妈妈想要修复与孩子之间的关系，至少需要花上 20 分钟。

　　仅仅面对 3 分钟的抑郁表情，孩子就需要花上 20 分钟的时间才能让情绪恢复。如果每天都面对着情绪抑郁的妈妈，那么孩子会如何成长呢？他们自然会变得不想见到妈妈，性格的形成乃至将来的学习能力和智力发育也都会因此而受到负面影响。因此，如果妈妈的产后抑郁症持续时间超过 1 个月，便需要向专业医生寻求帮助，并接受药物治疗、心理治疗和家庭治疗。

　　不过说到底，解决产后抑郁症这个问题最好的方式还是预防。预产期临近时，不仅需要做好各项待产的准备工作，同时还要提前计划好如何应对产后抑郁症。在分娩前夕，如果产妇倍感焦虑、情绪起伏太大的话，家人就需要格外留意她的情况，帮助她尽早适应产后生活可能会出现的变化。

　　这时，为了能使妻子身心得以放松，丈夫应积极分担家务与育儿压力，帮助妻子减轻身心负担。而产妇也需要时常给予自己积极的心理暗示，尽早摆脱"要是没把孩子教好怎么办？""我的人生是不是从此就完蛋了？"之类的担忧和焦虑。产妇在遇到困难时不要总想着如何独自面对，而应该主动告诉亲朋好友，并接受他们的帮助，让自己轻松一些。

　　需要记住的是，一定要相信，养育孩子能使自己的人生变得更加丰富多彩，使自己进一步获得成长。只有这样，妈妈和孩子才都会感到幸福。而妈妈的身心在产后这段时间都处于非常疲惫的状态，因此一定要保证充足的睡眠，帮助身体尽快恢复。

Q6
孩子不懂得模仿，是不是出了什么问题？

一般孩子到了 6 个月大之后，就会隐隐约约地开始明白妈妈平时经常说的话是什么意思了，比如"过来这边""吃饭吧""谢谢"等。而孩子到了八九个月大时，如果妈妈一边说着"bye bye"，一边朝着孩子做挥手的动作，反复几次之后，孩子的脑海里便会留下这些记忆，以后只要说起"bye bye"这个词，孩子就会自然地挥起手来。像这样，孩子照着父母的样子做出一些举动的行为，我们称之为"模仿"。

模仿是指"照着做的能力"。孩子是通过"照着做"的模仿行为来了解这个世界的，比如妈妈说"咯吱咯吱"逗孩子时，孩子也会跟着说"咯吱咯吱"，妈妈说"摇摇头，拍拍手"时，孩子便会做出相应的动作。模仿也分阶段，刚开始孩子只能实时模仿一些简单的动作；但过上一段时间，孩子就能做出几天前曾模仿过的动作。这是因为孩子的大脑记住了这个动作，于是会再次照着做出来，这种能力对认知的发育十分重要。

此外，模仿也是孩子融入社会的基础。可以这么认为，如果不进行模仿，孩子的社会性发展就会受到阻碍。如果一个已经八九个月大的孩子，在他人靠近时不肯与人对视，面对任何刺激都无动于衷，听到别人叫自己也没有任何反应，父母便应该警惕孩子是否有发育障碍、自闭症或依恋障碍等问题了。如果妈妈患有抑郁症，平时无暇照看孩子，孩子的社会性发展也可能会出现问题。

⌒ 模仿能力是判断孩子的社会性发展正常与否的关键

3 岁之前，孩子社会能力的培养主要取决于父母。在孩子牙牙学语时，父母如果能够笑着回应孩子，孩子便会产生一种"我现在很安全"的归属感，进而拥有类似"我真棒，身边的人都很理解我"这样的坚定信念。只有感到自己的需求得到了完全的理解和接纳，孩子的社会脑才能得以发育，并学会尊重和关心他人。

相反，如果需求得不到父母的任何回应，孩子便会感到自己被孤立、被疏远了，进而无法信任他人。因此，在孩子表现出好奇心或进行模仿时，父母要一边夸奖孩子"宝宝真棒"，一边要陪他们一起玩耍。同时，是否拥有模仿能力也是判断孩子社会性发展正常与否的一个重要指标，父母们一定不能轻视这个问题。

婴幼儿阶段的孩子是否具备学习能力?

想必很多人都听过"如果小时候不给孩子一些刺激,他们的潜能就不能被开发出来,所以父母要积极推孩子一把"之类的话。这里所说的"小时候",在几年前指的还是孩子四五岁的阶段,但如今已经提前到了 3 岁之前。因此,这个理论的确切含义似乎就是,如果不在孩子 3 岁之前给予他们学习方面的刺激,孩子的智力便难以得到开发。于是,父母们总是嚷嚷着要尽快教会孩子说英语、解数学题、写字,生怕一不留神孩子就成了笨蛋。

然而可惜的是,婴幼儿阶段的孩子其实并不具备学习能力(?)[1]。根据大脑发育专家徐有宪教授的说法,正确的做法应该是在孩子满 6 岁后,再让其学习语言或数学相关知识。因为掌管语言学习能力的颞叶和影响数学、物理学习能力的顶叶,要到那时才真正发育。那么,在 6 岁前,孩子的大脑是如何发育的,又该让他们进行怎样的学习呢?

情绪稳定会促进大脑发育

孩子在 3 岁之前,大脑各部位的发育都很活跃,并非只有某一部位在发育。因此,不能让孩子仅仅从某一方面进行学

---

[1] 括号内疑问号为作者留,可能表示其对所述观点的一种不确定。

习。例如，要让孩子学会认识鱼这种动物，相比于单纯地让孩子看有关鱼的图画书或视频等间接的方式，让孩子直接看或用手触摸真鱼的方式会更加有效。此时，所谓的刺激五感指的便是要同时刺激视觉、嗅觉、听觉、味觉和触觉。由于我们的大脑拥有专门负责控制感官的部位，因此越是刺激这些感官，大脑的运作就越是活跃，这会给孩子的大脑发育带来帮助。

最适合 3 个月大孩子的玩具，便是床铃等悬挂式玩具了。其中，会发出声音的黑白床铃是最好的选择。因为孩子在这个时期还无法辨认色彩，色差对比强烈的黑白床铃能吸引孩子的视线，促进他们的视觉发育。另外，父母可以多多播放各种类型的音乐或摇拨浪鼓给孩子听，这些都有助于孩子听觉的发育。

更为重要的是，这个阶段是孩子情绪发育的关键时期，父母应该尽量保证孩子处在愉悦幸福的感受之中。只有这样，孩子才会用正面积极的态度去看待自己和这个世界。换句话说，这关系到孩子将来能否成为一个充满自信的人。这个时期，与妈妈的身体接触会对孩子的情绪稳定起到很大的作用。多拥抱孩子，多与孩子对视，会使孩子感到幸福，从而让他们拥有稳定的情绪，这对大脑的发育也是十分重要的。

ᘓᘓ 大脑的发育会持续到青春期到来之前

在青春期到来之前，人的大脑是在不断变化和发育的，而在大脑的发育达到最充分之前，存在着许许多多的变数。如果父母操之过急，拼命给孩子施加压力，便有可能导致孩子的成长出现问题。因此我经常强调，养孩子这事儿，不到最后一刻，没人知道结果究竟如何，就像你不知道眼前的这粒种子最后会开出什么样的花一样。只有在经历了播种、生根、发芽、长出花苞之后，我们才能等来真正开花的那个瞬间，并知道这朵花的名字和形状，闻到它的香味。

关于潜力的问题，我常会用到"时间表"（time table）这个词。我们常能从人们嘴里听到"这孩子小时候挺聪明的，长大之后就不太行了""她小时候连话都说不好，现在学什么都比别的孩子快"之类的话，可见几乎没有哪个孩子是完全按照父母的期待或预想长大的。潜力的激发会以一种不可思议的方式进行，受到大脑的发育、孩子的生长环境和孩子与生俱来的气质的影响。

因此，父母所能做的便是相信孩子的"Time Table"（时间表），了解清楚哪些因素会阻碍孩子的发育，并为他们清除掉这些"绊脚石"。在这个阶段，孩子发育最大的阻碍因素就是压力，如果压力激素的分泌过于旺盛，便可能导致掌管孩子记忆力的大脑功能明显下降。

总的来说，父母应该尽量避免给孩子施加过多的压力，不要让压力破坏了孩子心中正面的自我形象和良好的自信感，最终导致他们对这个世界失去信任。

Q8
孩子总是半夜醒来哭闹怎么办？

"拜托，乖乖睡下吧。"

相信 0—3 岁孩子的父母都对这句话深有同感。

每次好不容易把孩子哄睡着了，正打算起身把剩下的家务做完，孩子总会鬼使神差般醒来，哭闹着要找妈妈。也有一些孩子是抱在怀里哄睡着后，一放到床上便会立刻哼哼唧唧醒来。

其实，这个阶段的孩子还无法分辨昼夜。希望孩子能够正常作息，这只是我们大人不切实际的愿望罢了。不过对父母来说，孩子在肚子不饿、尿布也不脏的情况下总是哭闹折腾，自然会产生"孩子实在太难带了"的想法。在持续整夜和孩子的"斗争"之后，妈妈也会累崩溃。原本就各种家务和工作缠身，恨不得一个身体分成两半用，现在连觉都睡不好了，当然会觉得压力大得整个人就要爆炸了。然而有的丈夫却会在一觉睡到天亮醒来后对妻子说："你说孩子半夜醒过来哭？真的吗？我完全不知道呢……"

妈妈们真的不能睡个安稳觉吗？

新生儿总是不分昼夜地醒醒睡睡。但等到他们大概 3 个月大的时候，就会开始在晚上睡觉了。一般过了周岁的孩子，睡眠规律是，午觉睡 2 次，夜里睡 14 个小时左右。在 18 个月大之后，孩子的午觉次数会减少为 1 次。差不多 21 个月大的时候，孩子夜晚的睡眠时间会缩短至 12—13 个小时。

然而，即使是非常小的婴儿①，也会因为习惯了某个东西而开始提前等待。这时对孩子而言，相比睡几个小时，更重要的是几点上床睡觉。因为影响孩子生长发育的激素，大多是在夜

---

① 指不满 1 周岁的孩子。

里 10 点至凌晨 2 点这段时间内分泌的。因此如果孩子不能养成在此之前很好地入睡的习惯，生长激素便无法正常分泌，从而导致其身高、体格等方面出现问题。

2018 年韩国育儿政策研究所的报告显示，韩国儿童的平均入睡时间为 9 点 52 分，芬兰的为 8 点 41 分，日本和美国的则为 8 点 56 分，可见在这方面，韩国与其他国家之间存在不小的差异。另外，入睡时间为 10 点—10 点半的儿童所占比例最高，达 31.5%。很多父母因为回家太晚而心怀愧疚，想陪孩子玩上哪怕一小会儿，这样的心情可以理解。但为了孩子的健康，父母还是应该让他们早点上床睡觉。如果父母本身入睡晚，屋内肯定会有窸窸窣窣的声音，灯也会开着，这样一来孩子自然无法好好睡觉。电视声和敲打键盘的声音也会影响孩子的睡眠，父母需要注意这些问题。

睡眠不好会给孩子的神经系统带来不良影响，导致他们动不动就哭闹耍赖，也不肯好好喝母乳，进而缺乏体力和精力去探索外部世界，一整天都处于疲惫的状态之中，甚至在本应放松休息的睡眠时间也烦躁不已，不断哭闹，最终陷入恶性循环。

ᘒ 父母关于孩子睡眠问题的错误认知

孩子过了周岁后，父母便应该及时改善干扰孩子睡眠的周围环境，同时努力帮助孩子纠正不良的睡眠习惯。不少父母认为，应该让孩子尽量不睡午觉，以免晚上睡不着。这是个错误的想法。每个人的睡眠规律不同，有的孩子在睡了午觉后晚上也能早早入睡，并且睡得很沉。也有一些孩子，即使白天不睡觉，晚上也总是睡得很晚。

另外，由于孩子们睡眠相对较浅，因此一旦做了噩梦或是外界声音稍大，他们就容易醒来。尤其是在入睡后一两个小时内，孩子醒来哭闹，或不断折腾、睡不安稳的情况十分普遍。因此，即使听到了什么动静，父母也不必反应过度——"哎呀，完了！孩子醒了！"，然后慌慌张张地跑去查看情况。此时父母只需有规律地轻拍孩子进行安抚，让他安心，知道身边还有其他人在，这样很快孩子就会再次入睡了。

很多父母只要孩子哭闹，不肯入睡，就会抱起他们边走边哄。一旦开始这样做，父母便要做好"今后很长时间内可能都要这样做"的心理准备。因为父母的这种行为就是在告诉孩子"睡觉的时候就应该这样做"。因此，如果下一次父母没有这样做，孩子就会难以入睡。请一定要记住，孩子会对父母过度反应之下做出的行为产生依赖。

一些妈妈在孩子入睡哭闹时，会通过给他们含安抚奶嘴或自己乳头的方式来哄孩子，这同样也会让孩子养成习惯，一旦没有这样做，他们便无法入睡。世界著名育儿专家特蕾西·霍格（Tracy Hogg）曾警告我们，要避免让孩子对安抚奶嘴或妈妈的乳头产生依赖。通常孩子在含到安抚奶嘴后，会先认真地吸上6—7分钟，然后吸吮的速度逐渐变慢，最后将其吐出来。孩子吸够了奶嘴后，自然就会进入梦乡。但这时一些父母还会再次将安抚奶嘴放入孩子口中，这一做法也不正确。孩子6个月大之后，父母就可以开始帮助他们慢慢戒掉夜晚含着妈妈的乳头或安抚奶嘴睡觉的习惯了。

另外，如果孩子总是在入睡后无缘无故醒来哭闹，也可能是依恋关系出现了问题。其实大部分婴幼儿都会经历分离焦虑，但如果父母平时过于娇惯孩子，或是曾经失去过孩子的信任，那么孩子就会格外恐惧跟妈妈分开，哪怕分开短短 5 分钟也会大哭大闹。

🎵 建立良好的睡眠模式的方法

婴儿非常擅长预测，并且能够通过重复进行学习。因此，每次快到睡觉的时间点时，父母可以一直重复相同的话语或动作，让孩子意识到"啊，这是表示我该睡觉了的意思呀"。

另外，父母应该让孩子感觉到睡觉是一件很开心的事情。如果用强硬的语气训斥孩子，强迫他们赶紧入睡的话，孩子便会对睡觉这件事产生不好的印象。千万不能让孩子认为睡觉是一件被逼迫要做的事情。父母也可以在孩子睡觉前，通过一些"特别仪式"帮助孩子养成良好的入睡习惯。

例如，每晚睡觉之前，给孩子洗澡和按摩，给他们涂涂面霜、唱唱催眠曲等。每天都进行这些步骤，将其当作一种孩子上床睡觉前的特别仪式。这样一来，孩子便会更加容易入睡，睡眠期间醒来的次数也更少，从而形成规律的睡眠模式。

孩子在睡前 1 小时最好能保持情绪平静。父母应该避免让孩子在睡前做过于激烈的运动或是游戏。此外，提前让孩子吃饱，睡前 1 小时内别让孩子进食也是帮助他们顺利入睡的方法之一。

Q9
孩子完全不认生，能与所有人亲近，这是好事吗？

认生，指的是孩子在6—8个月大后，会明显地将妈妈与其他人区分开来，不愿靠近除了妈妈以外的所有人。这种感觉与害怕跟妈妈分离的焦虑感不同，分离焦虑通常出现在孩子12个月大左右，此时孩子会突然意识到妈妈与自己不是一个人，因而会感到焦虑和压力。

大多数妈妈都认为孩子太过认生是个问题，但我认为如果孩子完全不认生问题可能更加严重。如果孩子愿意让任何人抱，妈妈不应该认为这是孩子性格好的表现，并为此而感到开心，放任不管，而是应该思考一下，自己与孩子之间的依恋关系是不是出现了问题。通常与妈妈之间的依恋关系正常的孩子，在1岁之前都是"生人勿近"的。但如果与妈妈的依恋关系存在问题，孩子自然不会将妈妈与其他人区分开来，因此会表现得"来者不拒"。比如，在孤儿院等儿童庇护机构里长大的孩子大部分都不太认生，这是因为这些孩子并没有与主要照护者建立起亲密的依恋关系。当然，也有一些孩子天生乖巧，认生的情况持续时间短，表现也不明显，妈妈可能自始至终都没有注意到这个问题。

ᕫᕫ 大脑发育异常也可能导致孩子不认生

孩子不认生，父母需要警惕的另一个原因是，他们的大脑发育可能出现了问题。首先，智力低下的孩子由于无法正确认知与他人之间的关系，因此会看起来不认生。此外，发育障碍的外在表现之一也包括不认生。其中最典型的便是自闭症以及由此引发的社会性发展问题，这也可能导致孩子不认生。另外，孩子的认知能力如果出现了问题，也会不懂得区分熟人与陌生人。

孩子被陌生人抱着却完全不害怕、不挣扎，或是在与妈妈分开时表现得并不焦虑，这些都是有违孩子生长发育原理的。无论是情绪障碍还是大脑发育障碍，都是孩子身体发育出现了异常的信号，因此父母平时一定要注意观察孩子的行为特征，发现问题要及时向专业医生寻求帮助。

有些家长认为，孩子认生的话，多让他们跟陌生人接触接触就好了，于是总是逼迫孩子与其他人见面。这样做会给孩子带来极大的压力，甚至可能会导致他们难以入睡或产生焦虑障碍。妈妈尤其不能做出强行把孩子塞给他人，然后自己故意离开之类的举动。

在孩子意识到并慢慢接受"妈妈不在身边也没关系"这件事后，自然而然就会变得不认生了。在这之前，父母可以多多帮助孩子熟悉身边的人，例如姑姑和叔叔、爷爷和奶奶等。

什么是安全型依恋关系和不安全型依恋关系?

孩子出现问题或感到身体不适时,会本能地向父母求助。大部分父母也会敏锐地接收到孩子的求助信号,并及时为他们解决问题。如此一来,孩子便会对总能快速给予自己帮助的父母产生一种特殊的依恋情感。

像这样,孩子对妈妈或自己身边最亲近的人产生的强烈情感,被称作"依恋"。大部分6个月大左右的孩子都会黏着妈妈,表现出喜欢跟妈妈待在一起、讨厌离开妈妈之类的情绪,这就表明孩子已经与妈妈建立起了亲密的依恋关系。

依恋理论由英国精神分析学家约翰·鲍比(John Bowlby)首次提出,加拿大发展心理学家玛丽·爱因斯沃斯(Mary Ainsworth)在他的基础上进行了深化。玛丽·爱因斯沃斯通过陌生情境测验,记录下孩子在父母离开房间并重新回来时的反应,将依恋关系分为以下几类:

安全型依恋关系

妈妈在身边时,孩子对一切都充满热情,不反感陌生人。妈妈离开房间后,孩子反应激烈。妈妈重新回到房间后,孩子会主动索要抱抱等身体接触,由此获得抚慰,从而恢复情绪上的稳定。

回避型依恋关系

即使妈妈就在身边，孩子也没什么反应。妈妈试图引起孩子的注意，孩子也不会转身或表现出太大的兴趣。妈妈离开房间后，孩子也毫无情绪波动，仍继续做自己的事。等到妈妈回来时，孩子会将视线和身体故意转向另一边来进行回避。如果孩子出现这种情况，很有可能是由于妈妈平时没有积极回应孩子的需求，或是干脆忽略孩子的需求所造成的。在相处的过程中，如果妈妈只注重自己的感受，无视孩子的意愿，跟孩子的身体接触太少，平时经常对孩子发脾气或表现得态度强硬，也可能会造成这类依恋关系。

焦虑—矛盾型依恋关系

处在这种依恋关系中的孩子几乎对周围的一切都不感兴趣，就连妈妈在身边时也要不断哭闹发脾气。而妈妈一旦离开房间，他们便会感到巨大的压力。妈妈回来后，就算抱了他们，他们依然会又哭又闹，情绪久久无法平静。这很可能是妈妈平时对孩子的需求反应不一致——时而热情回应，时而完全无视孩子的需求所导致的。

以上三种依恋类型，除安全型依恋关系以外，剩下的两种都属于不安全型依恋关系。依恋关系是否正常对孩子来说十分重要。因为早期与妈妈之间的依恋关系，就是孩子今后与其他人建立人际关系的原型。换句话说，孩子与妈妈之间的信任关系是孩子未来与他人之间建立信任关系的基础。因此，与妈妈建立起了安全型依恋关系的孩子往往社交能力突出，是同龄人中备受欢迎的领导型人物，并且擅于克服困难，不惧挫折，问题行为较少。相反，与妈妈之间存在不安全型依恋关系的孩子，会认为其他人都像自己的妈妈一样冷漠，因此在与他人相处时，负面情绪多于正面情绪，可能表现得害怕与他人接触，也不懂得与同龄人分享自己的感受，更喜欢独处。父母们一定要记住，在孩子出生后的前 3 年时间里所建立起的依恋关系，对孩子将来的人生有着极为深刻的影响。

Q11
工作缘故，需要将 5 个月大的孩子交给他人照顾，应该选择保姆还是托儿所？

这个问题是双职工夫妇必然会遇到的烦恼。从结论来看，孩子在满 3 岁之前，最好不要随便更换主要照护者，也就是说，在此之前，妈妈最好能够一直陪伴着孩子。不过，如果条件实在不允许，也只能将孩子托付给他人照顾。但在孩子 2 岁之前，每天妈妈和孩子分开的时间最好不要超过 10 个小时。

一些妈妈会将孩子留在托儿所一整天，等到很晚才去接回家，这种行为对孩子来说其实等同于一种情感暴力。因为当孩子离开妈妈，一整天都和陌生人待在一起时，会感到焦虑并充满压力。

另外，由于频繁更换主要照护者不利于孩子成长，因此不管是雇保姆还是将孩子送到托儿所，最好找一个至少能够持续照顾孩子一年以上的人，并且这人要性格温和，可以提供一对一的照顾服务。此外，如果将孩子送到托儿所，最好也避开那些一名老师需要同时负责六七名孩子的地方。5个月大的孩子不仅会在和妈妈分开后产生焦虑情绪，而且尚不会自己去厕所大小便，因此相比送到托儿所，将这个年龄段的孩子托付给可以提供一对一照顾服务的育儿保姆更加适合。

ᏀᏙ 如果将孩子送去托儿所

如果你决定将孩子送到托儿所的话，首要需要考虑的因素便是这家托儿所的孩子与老师的人数比例，每位老师所负责的孩子最好不要超过5名。

有不少托儿所将具备各种教育设施及学习项目作为噱头吸引家长。但事实上，那些不以教育为主，但老师能够悉心照顾孩子、积极帮助孩子获得安全感的托儿所反而更值得选择。因为孩子们只要聚在一起，周围又有玩具的话，自然而然就能学会很多东西，无须执着于追求太多华而不实的学习项目。

有些妈妈刚开始把孩子送去托儿所后，自己会偷偷跑回托儿所看孩子。其实，这样做只会加剧孩子的分离焦虑。此时最重要的是，要努力让孩子喜欢上托儿所这个地方，因此不应该让孩子将注意力放在与妈妈分开这件事上。妈妈离开孩子时，可以对孩子说一声："宝贝要乖，一会儿妈妈就来接你哦。"来接孩子的时候，也可以对他们说一句："谢谢你一直耐心等着妈妈呀。"

另外，孩子要适应托儿所的生活并且不会感到有压力，通常至少需要 1 个月的时间。如果是性格较为敏感的孩子，刚开始送去托儿所后妈妈离开的时间最好控制在 1—2 个小时内，之后再慢慢延长分离的时间。

⌒ 如果将孩子托付给育儿保姆照顾

应该没有比寻找到令自己满意的育儿保姆更加困难的事了吧。我在照顾庆模和正模时，也多次雇过育儿保姆，但要找到一个值得信任的实在不是一件容易的事。时间久了，我也积累了一些个人经验。

简单给大家介绍几点吧。首先，在面试了 30 名左右的育儿保姆之后，我从中挑选了曾连续照顾过别人家孩子 3 年以上的应聘者，并且仔细了解了对方之前工作过的地方及辞职原因，因为经常更换工作的人在我这里可能也会很快辞职。还有，在谈到上一份工作的辞职原因时，不停地抱怨前雇主的人可能是习惯将责任推卸给他人、不懂得反省自身的人，这样的人往往会给孩子带来负面影响，所以也要排除掉。此外，我还会叮嘱育儿保姆，让她外出前一定要事先告诉我一声，因为万一她在我不知道的情况下带孩子出门并发生了什么意外事故的话，后果是不堪设想的。

最重要的一点是，要让育儿保姆理解并接受自己的育儿原则，这样才有助于孩子更快地适应育儿保姆的照顾。如果不得已必须要更换育儿保姆，父母也要给予孩子充分的时间去接受和适应。最好的方式是，妈妈和新的育儿保姆共同照顾孩子一段时间，尽可能地避免让孩子感到恐惧，所以此时妈妈如果能够请上一段时间的假在家帮助孩子一点点适应，那将再好不过。

Q12
比起妈妈，孩子更喜欢奶奶，这正常吗？

作为主要照护者的妈妈如果平时总对孩子说"不行"，育儿方式较为强硬，或是没能给予孩子足够的疼爱和关心的话，孩子便可能表现出对妈妈的警惕，甚至是害怕，转而更喜欢爸爸或其他人。像这样主要照护者是妈妈但孩子更加喜欢其他人的情况，便表示孩子与妈妈之间存在不安全型依恋关系。但如果平日主要是奶奶在照顾孩子的话，孩子与奶奶更加亲近便是正常的。

〰 孩子2岁前，应该更喜欢平时主要照顾自己的人

孩子在出生后的6个月时间里，会与自己的主要照护者建立起依恋关系。当主要照护者不是妈妈而是其他人时，孩子自然就会和那个人建立起依恋关系。如果平时有其他人帮忙照顾孩子，但孩子每次看到妈妈都会紧紧抱住妈妈不肯撒手的话，父母便需要仔细观察代理照护者的育儿方式是否存在问题，并弄清楚孩子与代理照护者之间的关系究竟如何。需要再次强调的是，如果孩子不爱黏着主要照护者，而是更喜欢身边其他人

的话，那便在很大程度上说明，孩子与主要照护者之间的依恋关系出现了问题。

不过有时比起妈妈，孩子的确会更喜欢爸爸，这其实并不奇怪。1岁左右的孩子在运动神经变得发达之后，会开始喜欢肢体游戏。由于爸爸更擅长与孩子进行这方面的互动，因此孩子会觉得跟爸爸待在一起更有趣，自然也更喜欢黏着爸爸了。

想要确认与孩子之间的依恋关系是否正常并不困难。看看孩子在没精打采、身体不舒服时，即他们需要帮助时，会向谁寻求帮助。在这种情况下，孩子找谁，那个人就是孩子的依恋对象。如果孩子此时找的人是妈妈，便代表妈妈与孩子彼此间的依恋关系正常。孩子偶尔想要黏着爸爸或其他人，也是十分正常的。这种时候如果你仔细观察就会发现，孩子往往感觉玩够了或是在突然需要什么东西时，又会回头去找妈妈。

孩子在出生后的2年里，会与他人建立起依恋关系，并以此来培养稳定的情绪和社交能力。因此对孩子来说，建立良好的依恋关系是这个阶段最为重要的事情。

假如你是职场妈妈

职场妈妈很难一直陪伴孩子，因此常会担心与孩子的依恋关系变差。如果是这种情况，相比亲子之间的感情，更应该做的是努力帮助孩子与代理照护者之间建立起稳定的依恋关系。这就是说，与其因为自己工作忙而导致孩子缺乏足够的母爱，不如将孩子托付给值得信赖的代理照护者，保证孩子一直在爱里成长，这样的做法才是明智的。

妈妈无须过于担心今后与孩子的关系变得疏远。因为非常神奇的是，孩子在过了 2 岁之后，便会将平时照顾自己的人和妈妈区分开来，无论如何都觉得在这个世界上只有妈妈最好。对孩子来说，妈妈就是跟其他人不一样，是最爱自己、最能够给予自己力量的特殊存在，所以总会黏着妈妈。也就是从这个时候开始，孩子会在妈妈早上出门上班时抓住妈妈的裙角不让她走，还会打电话催促妈妈早点回家。到了 3 岁之后，孩子会变得更加依赖妈妈，导致一些妈妈开始考虑是否需要辞职这个问题。但在这个阶段，妈妈更应该思考的其实是与孩子在一起时如何相处的问题。

被其他人带大的孩子长大后可能会讨厌或害怕妈妈，这便是因为代理照护者没有足够爱护孩子，使得孩子将小时候所感受到的负面情绪投射到了妈妈身上。

实际上，对于低年级的小学生来讲，比起眼前的妈妈，以前照顾自己的主要照护者给亲子之间的关系带来的影响会更加深远。因此对于职场妈妈来说，目前最应该做的便是，为孩子找到能够全身心照顾他们、爱护他们的代理照护者，而不是一直为自己因为工作缘故无法陪伴孩子而感到自责和苦恼。

Q13
孩子使性子，需要依靠手机安抚，怎么办？

最近去到任何一家餐厅，只要是有小孩的地方，就一定会看到孩子拿着手机在玩，一旁的父母则是趁着孩子玩手机的空隙吃饭。在公园或游乐场里，也时常能够看到妈妈们将手机拿给孩子摆弄，自己则在一旁闲聊。每当父母想让孩子安静下来时，便会主动"献上"手机，因为孩子只要一看到手机就会停止吵闹，唯有手机能让他们安静下来。

从前如果孩子不肯吃饭，一些父母便会打开电视让他们看，然后趁着孩子沉迷于电视的时候赶紧给他们喂饭。孩子们之所以喜欢看电视，是因为只要静静坐着就能看到各种丰富有趣的画面。但孩子是通过亲自探索世界来学习各种知识并获得成长的，电视无法激发他们探索的欲望，只会让孩子的认知、情绪、感官等失去发育的机会，最终导致发育出现障碍，从而引发各种问题。幸运的是，现在许多父母都意识到了这个问题，明白手机可能会对孩子造成不良的影响。

〰 2 岁之前，请不要让孩子接触手机

不知道大家有没有思考过，为什么孩子只要一玩手机就会立即停止哭闹？父母们很容易产生"可能是因为手机能让孩子的注意力变得集中"这样的想法，但实际上是因为孩子被手机"控制住了"。手机会不断给孩子带来强烈的刺激，通过强烈的色彩和声音以及可以快速切换的界面，时刻为孩子提供着新鲜的资讯。而孩子一旦开始习惯一直接收充满刺激性的内容，他们的大脑就会变成"爆米花大脑"（popcorn brain），今后对刺激程度较弱的其他游戏都会提不起任何兴趣。

爆米花大脑指的是，能够对电视或手机屏幕里像爆米花一

样充满刺激的画面做出反应，但面对较为平淡的日常刺激却无动于衷，即大脑只追求刺激性的东西。"爆米花大脑"会促使我们不断追求更加即时、花哨和充满诱惑的事物，时间长了自然会导致孩子的注意力和记忆力下降，进而给他们的学习能力带来致命的损害。因为学习是一个不断反复的过程，需要温故而知新。但相比仔细查阅后真正领悟的过程，"爆米花大脑"更喜欢走马观花式的体验，并且一旦获得不了强烈的刺激，便会立刻产生厌烦的情绪，坐立不安。因此很多孩子只要听到父母说要拿走手机，便会开始大吵大闹。

避免与孩子因手机而产生争吵的办法只有一个，那便是在孩子 2 岁之前，尽可能不让他们接触手机。每个孩子都有可能因为沉迷于手机而出现各种问题。

Q14
让孩子单独睡会更好吗？

近来，怀孕之后很多人都会准备的物品之一便是婴儿床。但许多父母在开始带孩子之后却发现，婴儿床的使用率并不高。我曾见过好几位妈妈经历过这样的情况，看到原本就不宽敞的家里还搁置着一张堆满灰尘的婴儿床，心里感到无比后悔："当时为什么要买这个啊？"

在国外，婴儿床是孩子出生后必备的育儿用品之一。这是因为外国的孩子通常在很小的时候便开始独自睡觉了，这种现象极为普遍。我的一位朋友在法国留学时与当地的法国人结了婚，在第一个孩子出生之后，便因为孩子睡觉的问题与丈夫产生了许多矛盾。她的丈夫和婆婆认为孩子一定要单独睡，并总说即使孩子睡到一半醒来哭也不要立即跑过去安抚，等孩子哭一阵之后再去看看就行。那时她身边没有可以一起讨论这个问题的朋友，于是只能听从丈夫和婆婆的话，很久之后她却告诉我："一开始很心疼单独睡、醒过来哭的孩子，但孩子慢慢就适应了，也不容易被其他人吵醒。孩子哭了不要立即去抱起他们安抚，这样做的确也能减少他们大哭大闹耍脾气的次数。"

事实上，国外曾有研究结果表明，和妈妈同睡一张床，会导致孩子的睡眠质量下降。那么，从小就独自睡觉，是不是真的对孩子更好呢？

ᕗᕗ 文化差异而已，无关好坏

关于孩子应该如何睡觉的问题，同样存在着文化差异。在重视"自我"的西方国家，相比集体性质的"我们"，人们更加重视拥有个人的空间，因此不认为妈妈理所应当地要为孩子付出一切。对于西方人而言，夫妻性生活与妈妈的个人生活跟养育孩子同等重要。人们一生都在追求按照自我的意愿生活，因此育儿时最重视的自然是培养孩子的独立精神。然而在东方国家，尤其是在韩国，"我"固然很重要，但"我们"更重要。在韩国人看来，个人的"我"与团体中的"我"是共存的。平时人们总说"我们妈妈"而不是"我妈妈"，也会用"我们老公"等方式来称呼自己的老公。从这样的日常用语中，我们便能够清楚地感受到"我们"文化的存在。

在"我们"文化根深固蒂的韩国，不少父母为了育儿，会在孩子2岁之前放弃夫妻性生活。并没有人表示自己不爱丈夫了，只是理所当然地认为妈妈与孩子的感情比夫妻性生活更加重要。

我们很难对这些文化差异做出好与坏的评价，重要的是，要互相尊重并理解对方的文化。

⌇ 孩子独自睡觉时需要注意的两个重要问题

无法轻易评价关于孩子睡觉问题的文化的好与坏的另一个原因是，每个孩子天生的气质不同，睡觉习惯也不一样，因此父母要懂得"因材施教"，对不同的孩子采取不同的养育方法。曾有妈妈告诉我，如果让孩子单独睡，他就会哭闹折腾得更厉害，这让她觉得很辛苦，但也有妈妈表示，让孩子单独睡后，带孩子这件事就变得轻松了，自己也能更加全身心地去照顾他们、爱他们。因此，关于孩子独自睡觉是否更好这个问题，其实是由孩子的性格、父母的育儿方式及价值观来决定的。父母们无须顾虑太多，只需要思考两个问题即可。

第一，让孩子单独睡时，妈妈的心情如何？是否会感到不舒服？"这样做是为了培养孩子的独立自主能力，是为了孩子好"，这个理由虽然看上去很充分，但只要妈妈内心觉得不舒服，就最好先不要和孩子分开睡，可以等到孩子大一点之后再做考虑。

孩子单独睡之后，妈妈比孩子更难受的情况是十分常见的。因为妈妈从小就不是在这样独立的育儿文化氛围中长大的，所以跟孩子分开睡，难免会心里感到不安或无法忍受。这时如果非要与孩子分开睡，妈妈便可能会产生焦虑感和罪恶感，从而引发她们在育儿方面的压力，这样自然也不利于孩子的成长。

第二，要注意观察孩子是否能够习惯与妈妈分开睡。对于天生胆子较小、容易焦虑的孩子来说，跟妈妈分开、独自睡觉是一件比较困难的事情。尽管每个孩子性格各异，但在成长发育的过程中，都会存在讨厌跟妈妈分开的一个阶段。如果孩子自己睡时总是难以入睡，父母却还是执意要让他们独自睡觉的话，便可能会导致孩子的情绪发育出现问题。有时会有一些妈妈表示："他哥哥一个人睡觉都没问题，为啥他就不行呢？"请注意，气质是每个人与生俱来的特性，即使是亲兄弟姐妹，也并不一定相同。

实际上从发育学角度来看，孩子出生后 100 天内，每次在其真正睡着之前，父母都应该在一旁守护，这样才能确保孩子的安全。毕竟这个阶段的孩子还无法正常活动脖子，一不小心就可能陷入窒息的危险。

总的来说，如果妈妈内心感到舒服，孩子一个人也能入睡的话，便可以跟他们分开睡了。如果妈妈自身没有觉得不舒服，但孩子会因单独睡而感到不安焦虑的话，则表示他们现在还不适合跟妈妈分开睡。此时请不要心急，再等上一段时间吧。

Q15
已经学会走路却总要抱抱的孩子是否正常？

　　0—2岁的孩子需要父母全身心投入的爱，因此一定要经常给予他们拥抱，多用笑容面对孩子。但到了2岁，孩子已经学会走路之后，便不需要过于频繁地抱着孩子了。只在孩子提出要求时再给他们拥抱即可，平时要懂得尊重他们的独立自主性。

　　在这之前总耍脾气缠着父母要求抱抱的孩子，在12个月大之后也会开始懂得自我调节，想要妈妈抱时便会提出要求，不想被抱时也可以不抱。通常到了1岁之后，比起被妈妈抱着，孩子更喜欢自己走路，学会走路这件事会让他们感到很开心。

　　但也有一些孩子已经2岁了，仍然需要大人时刻抱在手里。如果出现这样的情况，孩子可能已经患上了焦虑障碍。除非周围存在让孩子恐惧的东西，或他们腿痛无法活动，对于正常的孩子来说，学会走路、能够四处乱跑是一件无比兴奋的事情。如果孩子能够正常走路却总想让爸爸妈妈抱着的话，便有可能存在一些让孩子感到焦虑的因素。

　　学会走路之后，孩子往往一看到新奇的东西就会立刻跑过去进行探索，之后再回过头来寻找妈妈，确认妈妈就在身边后，孩子又会安心地跑过去继续自己的探索，最后再回到妈妈的身边。如果孩子不想离开爸爸妈妈，希望一直被抱着，可能是因为他们身体不舒服，或对周边环境感到陌生。如果不存在这两种情况，孩子几乎没有理由不肯离开父母的怀抱。

抚养生病的孩子，最应该注意什么？

与从前相比，特应症 ① 和哮喘病的发病率出现了明显的增长，尤其是婴儿患病率呈急剧上升趋势。据说在美国，患有慢性疾病的孩子占全体儿童的 10%。至于韩国，我想虽然没有公布具体数据，但实际上也已经达到了这个水平。

相比正常的孩子，许多患有慢性疾病或天生身体较弱的孩子都可能存在与妈妈的关系十分糟糕的问题。因为妈妈必须一直监督孩子吃药，带他们去打针，而这些事情都是孩子十分讨厌的，因此他们很难与妈妈建立起良好的依恋关系。但越是这样，妈妈越要寻找各种方法与孩子维持良好的关系。因为对身体不好且原本就很敏感脆弱的孩子来说，与妈妈关系不好无异于雪上加霜，很有可能导致他们的情绪发育出现严重的问题。即使今后身体痊愈了，也会留下情绪发育的后遗症，对孩子的成长造成严重阻碍。

ᏇᏇ 喂生病的孩子吃药时

体弱多病的孩子跟妈妈的关系不好，主要是吃药问题导致的。对于一定得吃药的孩子本人和不得不喂孩子吃药的妈妈来说，这都是一件痛苦的事情。如果想更轻松地喂孩子吃药，妈妈首先应该了解孩子讨厌吃药的具体原因，而不是想当然地认

---

① 指针对环境中无害抗原（如尘螨、花粉等）的一种速发型变态反应。

为"小孩子本来就讨厌吃药，这很正常"。

如果是因为药苦而讨厌吃药，在药里加入一些甜的东西，然后再喂给孩子吃。有的孩子则是因为不喜欢药的颜色而抗拒吃药，这时妈妈就可以打听一下是否能够换成其他颜色的药，如果不能，撒一点巧克力在药的表面也是个不错的办法。与其一直因为吃药问题而跟孩子发生正面冲突，不如多尝试看看孩子究竟喜欢什么，找出一个双方都能接受的吃药办法。

我的大儿子庆模小时候体弱多病，我也因此受了不少苦。每次喂他吃药，总会弄得鸡飞狗跳。但是某一天，我在喂药前先让他喝了点可乐，结果发现他对吃药不那么抗拒了。虽然从营养学角度来讲，可乐对孩子并不好，但为了治疗疾病孩子又必须得吃药，我觉得与其总是因为吃药问题与孩子争吵而导致母子关系变差，不如利用可乐来化解"危机"，因此我以前常会用这个办法来解决孩子吃药的问题。

如果孩子无缘无故地抗拒吃药，妈妈便要尽快将药喂完，帮助孩子摆脱吃药的痛苦。很多孩子只要看到妈妈拿着药袋从远处走来就会立刻开始哭泣。因此妈妈必须"快刀斩乱麻"，尽快结束喂药这件事。

另外，如果孩子把药吃进去之后又吐了出来，妈妈也要压抑住怒火，绝对不能因此发脾气，否则就会让孩子变得更加讨厌吃药。可以事先多准备一些剂量以防万一。如果孩子真的吐了出来，请先耐心哄一哄他们，然后重新喂他们吃下去。

许多孩子在 2 岁之前都存在"吃药难"的问题，因为他们无法理解为何一定要吃药。但只要过了 2 岁，尽管仍然抗拒吃药，但此时的孩子已经能够意识到"要快点把药吃下去，这样妈妈才会高兴"。当然，这需要建立在妈妈和孩子之间的关系足够好的基础之上。如果妈妈与孩子之间的关系本身很糟糕，孩子自然也不会为此做任何努力了。

身体不好的孩子在饮食方面有很多禁忌，但如果不是会影响病情的食物，妈妈也不肯让孩子吃的话，便可能导致亲子关系恶化，还会给孩子带来巨大的压力。我认识一位患有严重特应症的小孩，她妈妈平时总以病情为由坚决不给她买比萨之类的快餐食品，导致她只要一看到比萨就会大哭不止。如果孩子喜欢吃的不是必须要忌口的食物，妈妈还是应该适当允许孩子吃一些。

帮助孩子消除对医院的恐惧

带生病的孩子去医院也不是一件容易的事。不少孩子只要一看到注射器和听诊器便会害怕得一直往后退。就像他们讨厌吃药一样，妈妈应该首先了解孩子究竟为什么讨厌去医院。大多数孩子可能都是因为不喜欢听诊器的冰冷触觉，因此妈妈可以拜托医生先将听诊器捂热后再放到孩子身上，同时可以让孩子不要将视线集中在听诊器上。

对孩子来说，医院无疑是个可怕的地方，而总要带自己去医院的妈妈自然也就变成了冷漠无情的人。因此，妈妈需要思考一下如何才能减少孩子对去医院这件事的抗拒心理。以下几个注意事项可供你参考。

不要拿医院恐吓孩子

一些妈妈常会恐吓不听话的孩子，说不听话就带他们去医院打针，这种话可能会导致孩子更加害怕去医院。

如果要去医院，不要欺骗孩子

因为孩子不想去医院，带孩子去医院时就先欺骗他们是去别的地方，这样做会让孩子失去对妈妈的信任，今后也难以相信他人。

尽量去服务态度亲切的医院

为了让孩子更顺利地去医院，可以试着寻找有游乐设施或医生态度亲切的医院。

尝试进行"医院游戏"

孩子不明白为什么需要去医院，对医院只有打针的记忆，自然就会对去医院这件事充满恐惧。妈妈可以通过书本或做游戏的方式，让孩子理解必须要去医院的原因。

还有一点需要注意，妈妈要记得给乖乖去医院接受治疗的孩子一些奖励。尽管人们普遍认为奖励的做法容易把孩子惯坏，但对生病的孩子来说并非如此。只有奖励才能让他们克服恐惧，拥有接受治疗的勇气。在结束治疗后，请记得好好夸奖孩子，减少他们对医院的反感。

Q17
孩子学说话比同龄人晚是否正常？

如果同龄小孩已经能够流利地说出一整句话，也认识了不少字，自己的孩子却只会说"妈妈""爸爸"等少数几个简单的词，父母一定会感到非常焦虑吧。就算拼命安慰自己别着急，再观察看看，但每次看到其他小孩说话都很溜，难免内心会发愁，压力也因此扑面而来。

孩子在语言方面的发育是有时间性和阶段性的，因此父母无须过于担心孩子的语言发育是否正常，或怀疑他们是否需要接受医生的帮助，可以先仔细观察一段时间看看。

ᏽᏽ 判断语言发育是否正常的 4 个标准

孩子学说话晚是否正常，是否需要接受专业治疗？关于这个问题，有 4 个判断标准。

第一，观察孩子能否通过肢体或表情等非语言的方式表达自己的想法。如果孩子能够通过眼神交流或模仿来传递自己的想法和情感，那么即使孩子话暂时说得不好，也无须过于担心。但如果并非如此，便需要留心观察孩子是否存在自闭症之类的发育障碍，若有则需及时带孩子去接受专业医生的治疗。

第二，确认孩子在智力方面是否存在问题。认知能力会影响语言发育，通常当孩子的智力出现问题时，其语言发育也会变得迟缓。想要确认孩子的智力发育状况，可以观察他们平时玩的游戏是否与其所处的年龄段相符。比如，如果 3 岁左右的孩子还不会玩过家家之类的游戏，只会玩一些简单的肢体游戏，便有可能是智力方面出现了问题。

第三，确认孩子的社交能力是否正常。语言是人与人之间沟通的桥梁，如果一个人对他人毫不关心，其语言能力自然也不会得到顺利的发展。主要照护者是对孩子的社交能力影响最大的人，如果孩子与主要照护者之间的关系不和谐、不稳定，便可能会导致其无法对他人敞开心扉。

生完孩子后，妈妈们难免会感到身心俱疲，需要慢慢恢复元气，因而无法与孩子进行过多的交流与互动，这也可能会对孩子的社交能力的发展造成影响。如果孩子的社交能力出现了问题，一定要及早接受治疗，这样他们的身体发育才能恢复正常。如果等到大脑发育成熟之后再接受治疗的话，就会难以恢复到理想的状态。

此外，如果孩子的社交能力存在问题，除妈妈之外，以爸爸为首的身边人也应该积极提供帮助，多多给予孩子关心与疼爱，帮助孩子培养社交能力。

第四，由于语言发育与孩子的情绪状态有着十分密切的联系，因此也要留心观察孩子的情绪是否异常。

情绪会对孩子的语言表达造成重要的影响。如果孩子能够听懂他人说话，但平时总是一副郁郁寡欢、不爱说话的样子，父母便应该注意观察孩子在情绪方面是否存在问题。在毫无心理准备的情况下与妈妈分开并因此而受到创伤或遭到朋友孤立的孩子，会产生畏缩心理，从而导致情绪发育迟缓，语言发育也会因此受到阻碍。所以，父母首先需要观察孩子周边的环境是否会影响孩子的情绪。如果情绪问题已经严重到影响孩子语言能力的发展，便需要向专业医生寻求帮助。

除此以外，因患有中耳炎而听不清细微声音的情况，也可能导致孩子的语言发育出现异常，因此最好带孩子进行一次听力及口腔检查。

如果孩子不属于以上任意一种情况，又始终无法找出确切的说话晚的原因，孩子便可能存在发育性语言障碍，即单纯的语言发育迟缓，必须接受专业医生的诊断和治疗。

以上各种情况主要针对的是2岁以上的孩子，孩子2岁前，尚没有到语言发育的黄金时期。因此，如果孩子2岁前出现说话晚的问题，妈妈与其带孩子去医院，不如多多给予孩子一些语言方面的刺激。例如帮助孩子纠正发音和表达，或反复给孩子说一些他们能够跟读的简单词汇。

在这个时期，一些父母为了培养孩子的语言能力，会经常读书给孩子听。但语言归根到底要通过在真实场景中的对话才能得到发展，因此相比读书给孩子听，更有效的方法是，要经常与孩子进行对话和交流。

此外，父母要多多制造让孩子开口说话的机会。例如带他们去动物园或博物馆等充满乐趣的地方，孩子看到有趣的事物便会忍不住想要开口说话。也可以在每晚睡觉前绘声绘色地给孩子讲述这一天发生的事情。妈妈一定要先多说话，且说话时要尽可能多地使用拟声词或略带夸张的语气，因为这样做有助于刺激孩子听力的发育。

在家里帮助孩子发展语言能力的4种方法

① 跟孩子说话时语速要缓慢；

② 跟孩子说话的内容应由浅入深，从简单的词汇开始；

③ 除了说话以外，还要多引导孩子利用表情、手势

及肢体语言等方式表达自己的想法；

④ 通过积极有趣的游戏引导孩子多多开口说话。

Q18
将孩子交给娘家妈妈照顾，却经常起争执，怎么办？

对于妈妈们来讲，自己的娘家妈妈是最亲近、最放心的人，在有需要的时候，比起婆家，肯定是更愿意将孩子托付给娘家妈妈了，这样既方便又自在。庆模小的时候，我也曾经拜托妈妈照顾过他一段时间，但我们之间总会出现一些意料之外的小摩擦。妈妈帮我带孩子时，我总会莫名地感到不安、担心和质疑。尽管我一再要求自己不能这样想，却总会不自觉地对妈妈唠叨，并表现得很不耐烦，妈妈也常因此而感到十分难过。自己尽心尽力帮女儿带孩子，女儿却念叨个不停，妈妈该有多伤心啊。但直到后来我才明白，自己的这种行为其实是因为小时候曾在妈妈那里遭受过创伤，现在只是在变相地发泄而已。小时候看着总是焦虑不安的妈妈，我的心里也十分煎熬，这些感受在妈妈帮我照顾庆模的时候自然而然地涌现出来。

一位朋友曾说，每当看到自己的妈妈用心喂孩子吃饭时，她都会突然开始发脾气。因为小时候她妈妈一直很忙，无暇照顾她，是姐姐把她带大的，如今看到妈妈照顾自己孩子的场景，心里的积怨和创伤便一股脑儿爆发了出来。我问这位朋友，你最想对妈妈说的话是什么？她的眼泪涌了上来，回答我说："妈妈，为什么小时候你没有这样照顾过我？"

在不安全型依恋关系中长大的孩子自己为人父母后，从前受到的创伤便会在育儿的过程中爆发出来。在这种情况下，已经为人父母的孩子应该鼓起勇气直面自己的创伤，如实地对妈妈说出自己的心里话，解释自己之所以会难过和发脾气的原因；而妈妈也应该说明她那时的苦衷，通过这样的方式解开彼此的心结。

我每次将孩子交给妈妈照顾时，一定会告诉妈妈，我会给她充足的抚养费。有些妈妈将孩子托付给婆家照顾时会给上一大笔抚养费，而如果请自己的妈妈照顾孩子就白蹭或只给一点点钱。将孩子托付给婆家照顾时会给 100 万韩元[①]，而给娘家照顾时却连 50 万韩元都不给，这种情况并不罕见。外公外婆帮忙带外孙、外孙女绝不是义务，作为女儿，当然要交抚养费。抚养费的数目要做到"一碗水端平"，不能厚婆家、薄娘家。事实上，还有一个问题是，只有交了抚养费，当在孩子的抚养问题上出现分歧时，自己才能更有底气地对妈妈提要求。同样，娘家妈妈只有收下了抚养费，心里才不会觉得委屈，也才会心甘情愿地好好照顾孩子。因此，如果不是经济拮据到万不得已，一定要给妈妈一笔足够的抚养费，这样做也是为了孩子好。

---

① 根据 2022 年 9 月 4 日当天韩元兑换人民币汇率，100 万韩元约合人民币 5005 元。

婆家过度插手育儿问题，怎么办?

有这样一句玩笑话：再善良的女人只要结了婚，都不愿意听到"婆婆"这个词。由此可见，婆媳关系有多么棘手。作为儿媳妇，过于听话、凡事不计较的话，可能会受很多委屈，但真要与婆婆保持距离也不是那么容易。每逢婆家祭祀或遇上过年过节的时候，我都会放下一切去帮婆婆操办，但这并不是因为我想孝敬公婆，而仅仅是出于做儿媳的义务罢了，至少在生孩子以前我都是这样想的。但时间长了，尤其是大儿子庆模出生后，我和婆家的关系就变得越来越亲密了。每次回去，婆婆都会把孩子宠上天。看到她如此疼爱孩子，我的心里也不可能再对她有任何的讨厌了。某一天，我无意间看到婆婆照顾孩子的样子，发现她的育儿方式与我的育儿方式之间存在着巨大的差异。

与妈妈"要对孩子负责"的爱不同，奶奶的爱具有无限包容性。由于奶奶对孩子没有了教育的责任，因此可以接受孩子的一切，给予孩子无条件的爱。这种爱是一种成熟母爱的体现，在这种爱里长大的孩子，在情感方面会有极大的安全感。

孩子能跟无条件地爱自己的奶奶形成稳定的依恋关系是一件再好不过的事。因为对孩子来说，爱自己的人越多当然就越好。剑桥大学对家里有弟弟妹妹的学龄期儿童进行了调查，结果表明，相比跟其他大人也建立起了依恋关系的孩子，那些只黏妈妈的孩子通常更讨厌自己的弟弟妹妹，有些孩子对弟弟妹妹的讨厌甚至会持续几年之久。研究结果还显示，在长辈多的家庭中长大的孩子，今后可能更容易融入社会。

因此，即使不喜欢婆家，也应该尽量让孩子获得奶奶的爱，不要因为自己跟婆婆的关系恶劣就剥夺了孩子享受这份爱的机会。但如果公婆过度干涉育儿问题，也应该果断表明自己的立场，与他们划清界限。

比如，如果婆婆对儿媳妇说："孩子应该散养才对，你养得太精细了，你这样过分的保护反而会害了孩子的。"这句话很难判断是对是错。因为奶奶毕竟没有与孩子一起长期生活过，不可能比妈妈更了解孩子。逢年过节家人聚在一起时，看到孙子不好好吃饭到处跑来跑去，公公肯定也要说上几句。

"你平时是怎么教孩子的，怎么这副德行？"

如果孩子天生性格外向好动，这一点是很难改变的。听到公公说这种话，作为妈妈肯定会感到难过，但也不能因此而大声训斥孩子，让他赶紧坐好。不要为了讨好公婆而让自己的宝贝孩子成为替罪羊，听到这种话最好左耳进、右耳出，不用太过在意。需要记住的是，作为妈妈，保护孩子才是第一位的。如果稀里糊涂被婆家人牵着鼻子走，没能保护好孩子，便可能会给孩子造成不良的影响。

如果是跟公婆同住，在日常生活中因为育儿观念不同产生分歧，也可以用这样的方式来处理。顺从公婆不能成为育儿的标准。关系到孩子未来的事，如果是原则性问题，哪怕当坏儿媳妇，也要坚持自己的立场。但如果并非原则性问题，可以适当顺从婆婆的意思，灵活处理。为了孩子，尽量不要与婆婆发生正面冲突，大家各退一步，试着寻找彼此都可以接受的相处方式。

Q20
有没有可以减轻职场妈妈"工作育儿双重压力"的好办法？

说实话，生孩子之前我一直不赞同"工作和育儿很难两手抓"这样的说法，觉得这只是很多妈妈因没有竭尽全力而给自己找的借口罢了。但开始照顾大儿子庆模后，我才深刻体会到，这个世界上有很多事情真的并非努力就可以做到。我的人生第一次亮起了红灯，心里满是迷茫。我不明白，为什么孩子是我生出来的，但我却一点儿都不了解他，无论做什么都觉得厌倦和烦躁。在这个过程中，我哭过，也怀疑过人生。作为一名小儿精神科医生，那段时间我暴瘦了 14 斤。

〰 就 3 年，以"××妈妈"的身份生活吧

也许因为自己也是职场妈妈，所以看到其他同样需要工作的妈妈们时，我会感到非常心疼。她们每天顶着倦容强撑着，心里还被"这真的是人过的生活吗？""除了带孩子，我真的一无是处吗？"之类的想法折磨着。可我又能对她们说些什么呢？尽管我也曾身处同样的困境，却也只能闭上眼睛说："撑 3 年就

够了，再忍一忍吧。"

这就是减轻职场妈妈压力的答案。许多人听了之后会觉得很无奈，问我这样说是想将原本就累到快崩溃的人逼到绝境吗？但这真的是我听到过的最好的答案了。孩子3岁之前的育儿生活一定是痛苦的。我不再是"我"，而是"ＸＸ妈妈"。夜里睡不好觉，孩子随时可能醒来要人哄。要喂孩子母乳，整天忙着洗衣服、打扫卫生，没办法坐下来好好吃一顿饭。而在工作中，为了不被老板训斥"你如果这样做事的话，还不如回家带孩子"，要更加全力以赴。在照顾孩子的过程中，也时常可能发生一些意料之外的事，比如孩子难免会突然生病或意外受伤，因此你一天24小时都不敢松懈。不知道这种日子究竟还要过多久，想到这里，再看到自己还一直坚持着没有疯掉，便感到真是万幸。

但事实的确是，完全抛弃掉个人欲望、每天围着孩子转的生活只要坚持3年就能结束。3岁之后，一些简单的日常琐事，孩子就可以自己处理了。最重要的是，这个阶段的孩子已经学会了说话，能够与人沟通了，所以照顾起来就容易许多。但如果这3年时间妈妈没能坚持下去，忽视了对孩子的照顾或自己患上了抑郁症，孩子就会出现问题，妈妈也会变得更加不幸。实打实地说，孩子之所以会做出偷东西、撒谎、耍性子、打人等让父母操心的行为，都是因为在出生后的前3年里没有得到良好的照顾。

所以，请坚持3年吧，就当这3年里的自己已经死掉了。妈妈们也不要想着当"女超人"，即使是再厉害的妈妈，也绝对无法一个人带好孩子。所以，从一开始就应该想办法积极向身边的人求助，不管是丈夫、父母还是兄弟姐妹，越多人帮忙越好。这段时间也要放下赚钱的野心，相反能花钱让自己省事就花钱，即使把钱花光也在所不惜。在这3年的时间里，即使少做些家务事也不会有任何问题，妈妈们只需要把精力放在育儿上面即可。

在职场中也不要想着争当第一，只要不被辞退就可以了，用平常心面对工作。这样心里才不会充满负罪感，好像自己犯了什么大错似的，天天得看领导的脸色。心里轻松了，人才能够集中精力做好手上的事情。孩子是可爱的，但当因为孩子而需要放弃些什么的时候，妈妈的心里也难免会觉得委屈。但在顺利度过前3年之后，妈妈们就会明白，为什么人们总说生孩子是自己这一生中做过的最好的一件事。

第 1 部分

1 岁
（0—12 个月大）

身体发育
即心理发育

孩子在出生后的 1 年里，会收获惊人的成长。婴儿的反射反应 ① 消失后，孩子会逐渐学会翻身、坐立、爬行和走路，并开始按照自己的意志行动。

但在 1 岁之前，孩子尚处于"身心合一"的阶段，身体发育跟心理发育紧密相连。因此，这个时期最好的育儿方式就是，有规律地喂孩子吃东西，按时给孩子换尿布，在固定的时间哄孩子睡觉，让他们维持最佳的身体状态。不要孩子　哭闹就无条件顺从，让他们养成不好的习惯。

⌒ 相同的刺激和反应可以促进认知和情绪发育

在出生后的前 6 个月里，孩子并不是通过眼睛来看东西的，也无法进行思考，只能通过感官来认识世界。其中最敏锐的就是听觉和嗅觉，孩子会通过声音与味道来辨认自己的妈

---

① 反射反应是婴儿的脑部为适应身体所受到的刺激而产生的自我保护机制，如呼吸反射、觅食反射、吸吮反射、眨眼反射等数十余种。

妈。还在妈妈肚子里的时候，孩子的听觉就已经开始发育了。因此出生后一听到妈妈的声音，孩子就会自然地转过头望向妈妈。

如果每天都能听到相同的声音、闻到相同的味道，孩子的听觉和嗅觉就会得到良好的发育。其中嗅觉对情绪的发育有着重要影响，也就是说，每天都闻相同的味道有助于孩子的情绪发育。

因此在这个阶段，如果周围人来人往、声音嘈杂，或者经常更换主要照护者，孩子总是无法闻到相同的味道的话，其成长就会受到影响。对于不满 2 岁的孩子来说，最重要的就是尽量生活在规律、稳定的环境之中，比如让他们每天都听到相同的声音、闻到同样的味道，保持固定的吃饭节奏，等等。

规律的生活对孩子的认知发育影响巨大。如果每次孩子因为肚子饿而开始哭闹时，妈妈都能给予温柔的拥抱，并给他们喂东西吃的话，孩子就能预测到哭的行为会带来怎样的结果，妈妈会做什么，并开始有所期待。相反，如果此时妈妈不予理睬，肚子饿了不给喂饭，尿布湿了也不帮忙换，孩子的需求得不到满足，内心就会感到不安，认知能力的正常发展也会受到阻碍，他就会一路怀抱着对世界和父母的不满长大。

刚出生的孩子主要通过哭的方式来表达自己的不舒服。对于曾生活在妈妈舒适的子宫里的孩子来说，脱离子宫后的世界是冰冷而可怕的：不仅原本固定的食源断了，自己随时面临着饥饿的威胁，还时冷时热，有时甚至尿布湿了也没人及时更换，屁股凉凉的，一整天感到舒服的时间不多。因此，当孩子开始哭时，父母应该意识到这是孩子在表达自己的不舒服，并立刻帮孩子解决这个问题。

◊◊ 对孩子来说，妈妈就是整个宇宙

从出生的那一刻起，孩子与妈妈之间的依恋关系的建立便成了至关重要的课题。当然，这一切都建立在主要照护者是妈妈的前提下。

在这个阶段最关键的是，要给予孩子精心的照顾：孩子哭了要立即跑过去拥抱安抚他们，孩子饿了要赶紧给他们喂奶，还要及时给孩子换尿布，到点哄孩子睡觉，等等。

但有些妈妈不喜欢按照适合孩子的生活节奏走，更喜欢随心所欲地做事。其中最典型的便是患上了抑郁症的妈妈。妈妈患上抑郁症之后，有时孩子一有动静就马上跑过去安抚，有时无论孩子怎么哭闹都不闻不问。尿布湿了不立即换，平时也不怎么跟孩子互动。这样做会让孩子感到疑惑，导致他们出现晚上闹腾不睡觉、食欲变差等各种问题。

然而，每次我做出这样的解释后，不少妈妈都会疑惑："孩子现在哪懂这些？"

这个时期的孩子是依靠感觉和身体来进行记忆的。另外，刚出生的婴儿无法将自己与妈妈区分开来，认为自己和妈妈是一体的，"我"就是妈妈，妈妈就是"我"。当妈妈难过时孩子会跟着难过，妈妈开心时孩子也会感到愉快。因此，妈妈需要一直用亲切的笑容和温柔的声音来对待孩子。这样孩子才会信任妈妈，相信这个世界是安全、温暖的，才会健康成长。

◠◠ 双职工家庭的孩子，比起妈妈更喜欢自己的主要照护者，这是正常的

许多双职工家庭的妈妈生完孩子后，不久便需要回归职场。因此自然只能将孩子托付给奶奶或育儿保姆等人照顾了。这时候孩子的主要照护者便不再是妈妈，而是其他人了。

将孩子交给他人照顾时，最需要注意的是，不要总是更换主要照护者，同一个人长时间持续照顾孩子才是最理想的状态。如果经常更换主要照护者或由不同的人轮流来带孩子的话，孩子在听觉和味觉等感官方面的刺激就会变得混乱，这样不利于孩子的情绪发育。

由于在这个时期，孩子尚无法准确辨认自己的妈妈，因此会更加喜欢平时最常与自己待在一起的人。比起妈妈，孩子更喜欢黏着自己的主要照护者，这是再正常不过的事了。也许妈妈会因此而感到难过，但这恰好说明了，孩子的主要照护者有在用心照顾和爱护孩子，所以才会赢得孩子的偏爱，妈妈应该感激主要照护者才是。

相反，如果孩子一看到妈妈就表现得很开心，不喜欢跟平时负责照顾自己的人待在一起，就说明主要照护者照顾孩子的方式可能出现了问题。例如，奶奶带孩子时，如果总是打开电视让孩子一个人看，或是经常背着这个时期还很抗拒陌生环境的孩子到处串门、接触各种陌生人的话，孩子便很难与奶奶建立起稳定的依恋关系。

⌒ 每个孩子的气质都是不同的

不同的孩子在表达自我感受时会有不同的表现。感到肚子饿时，有的孩子会眉头紧锁，有的孩子会哭到停不下来。这是孩子天生的气质差异导致的。气质，指的是一个人与生俱来、带有遗传性质的秉性和脾气。我们平时在谈论一个尚不会说话的孩子是敏感挑剔还是乖巧温顺时，便是在说这个孩子的气质。专家们关于孩子气质的研究一直不曾中断，综合目前的一些研究结果来看，孩子的气质大致可以分为以下3类：

温顺型

一般指的是性格乖巧的孩子。这一类型的孩子不管是吃饭、睡觉还是排便等，都有固定的规律，也能快速适应新环境。他们容易感到舒适和愉悦，父母也会觉得孩子"很好带"。尽管这种类型的孩子带起来很轻松，父母仍然要注意，不能因此而忽视了对孩子的刺激与关爱。

敏感型

指的是生物钟不规律，对外界刺激尤为敏感的孩子。这类孩子在面对新环境时反应较大，通常需要很长一段时间才能适应，很多父母会觉得"不好带"。这类孩子的父母要注意调整自己的烦躁情绪，接纳并适应孩子的情绪和反应。

迟缓型

指的是性格温顺但相对慢热、需要一段时间才能适应新环境的孩子。这类孩子不擅于表达自己的情感，刚进入一个陌生环境时会表现出抗拒，一旦适应之后就会变得很活泼。面对这类孩子时要注意，不能给他们施加压力，应该给予他们充分的时间，让他们慢慢适应。

ᏕᏕ 气质温顺并不是好事

通常，人们会认为孩子乖巧温顺是一件好事，敏感挑剔则有问题，实际情况却并非如此。站在父母的立场上来看，气质温顺的孩子可能比较好带，但正如前面所说的，如果因为孩子性格乖巧就忽视了对他们的关爱，同样也会出现问题。尤其是在养育双胞胎时，如果一个孩子乖巧，另一个孩子敏感，往往性格乖巧的那个孩子会遭到忽略，所以父母要格外注意。

另外，即使孩子天生气质敏感，但只要父母在适应环境方面多多帮助孩子，也不会出现什么问题。对那些原本就敏感挑剔的孩子来说，周边不稳定的环境会雪上加霜，像是经常更换主要照护者或父母整天吵架等，都可能导致他们受到惊吓。

在关注孩子的气质问题时，父母也要了解自己的气质，因为如果父母与孩子气质不合的话，也会带来问题。比如，如果妈妈和孩子的性格都十分敏感的话，良好的相处可能就不太容易在他们之间发生；而如果妈妈性格敏感但孩子性格温顺的话，妈妈就比较容易在养育的过程中给孩子倾注足够的关心和爱。因此父母首先需要了解自己的气质特点，以免让孩子因为父母的性格问题而受到伤害。

孩子天生的气质会随着环境的变化而改善或恶化，这是因为孩子在 3 岁之前，其大脑都会受到外界的影响而发生改变。如果父母希望好好培养孩子，明智的做法就是，要根据孩子的气质来调整周边环境。

〰️ 过度的视觉刺激会阻碍大脑的发育

孩子会依靠听觉和嗅觉来认识这个世界。从 6 个月大起，孩子的视觉便开始发育，此时孩子会通过眼睛来区分事物、辨认父母。有些父母在这个时候就会给孩子观看学习类视频，但这种行为反而会阻碍孩子的大脑发育。从大脑发育的顺序来看，与情绪发育和社交能力发育相关的大脑部位是最先开始发育的，然后才是负责认知能力发育的大脑部位。而从大脑的结构来看，掌管情绪和社交能力的边缘系统 [1] 会最先得到发育，之后才是负责认知能力的大脑皮层。

在边缘系统发育的最佳时期去刺激尚未开始发育的大脑皮层，有可能导致大脑无法正常发育，进而导致大脑出现发育障碍。对孩子来说，这个阶段最应该获得的是情绪和语言方面的刺激，如果父母不给予孩子这些刺激，而是早早让孩子看学习视频，就可能导致孩子的大脑功能下降，引发语言方面的障碍，我们可以将其比喻成"电脑硬件的损坏"。

这个阶段的育儿原则是过犹不及，也就是说"过度的刺激还不如少量的刺激"。孩子们会寻找自己想要的刺激，比如弄

[1] 指高等脊椎动物中枢神经系统中由古皮层、旧皮层演化成的大脑组织以及和这些组织有密切联系的神经结构和核团的总称。边缘系统的重要组成包括：海马结构、海马旁回及内嗅区、齿状回、扣带回、乳头体以及杏仁核。

乱水槽里的碗盆、敲打并破坏电话，还会根据自身需求调节刺激程度的强弱。性格敏感挑剔的孩子在遇到自己承受不了的刺激时会选择逃避，喜欢探索的孩子则不论什么都要凑上去摸一摸，这是随着大脑发育的变化，每个孩子所呈现出的不同反应，父母只要接受就行。如果父母为了纠正孩子的习惯而对他们进行严格的要求，或是为了促进孩子大脑的发育而给予他们过多的视觉刺激，便有可能导致孩子的大脑发育出现异常。

﹏ 用合适的方式喂孩子吃辅食

孩子一过百日，父母就会着手为孩子准备辅食。等到 6 个月大左右时，就开始正式喂孩子吃辅食了。这时，许多没有时间精力照顾孩子的妈妈已经开始想象"以后喂辅食就能减轻自己的压力，孩子哭着要喝奶时也不用手忙脚乱地冲奶粉或敞开衣服喂母乳"的轻松生活了。但现实总是残酷的，情况可能会变得更加棘手。因为孩子在这个开始尝试新食物的阶段，需要先学习和熟悉如何利用牙龈和牙齿咀嚼东西，并戒掉用吮吸的方式去进食的习惯。有些孩子可以顺利适应吃辅食这件事，但也有些孩子嗅觉和触觉相对敏感，常常会把东西吐出来，表现得十分抗拒。

从这个时候起，妈妈和孩子的"进食大战"就开始了。如果不能顺利度过这个关键期，即使孩子长大了也可能讨厌吃东西，因此父母要十分注意。自己精心制作的辅食孩子半口不吃，妈妈肯定会感到难过和恼火，但如果因此而将怒气发泄到孩子身上，强迫他们吃东西的话，只会让孩子更加讨厌这个世界，严重时还会导致他们在进食和依恋方面出现问题。

经常细心观察孩子反应的妈妈们如果看到孩子不吃辅食，就会采取顺其自然的做法，想着"原来宝宝还不想吃辅食呀，那就过段时间再喂吧"。更加细致的妈妈还会尝试辅食的各种新做法，认真对比分析，思考像是"原来宝宝不爱吃这个啊""还有别的什么可以吃呢""是我喂的方式不对吗"等问题，用心寻找适合喂孩子吃辅食的方法。比如，如果孩子喜欢吃橘子不喜欢喝粥，就可以在粥里稍微添加一些橘子汁再喂孩子吃，这样再难搞的孩子也会开始慢慢适应吃辅食的。

保护认生的孩子

6—8个月大的孩子会将平时照顾自己、爱自己的妈妈与其他人区分开来，进入会认生的阶段。因此即使只是暂时和妈妈分开，孩子也会显得很焦虑。妈妈稍稍转过身，孩子便开始大哭大闹，弄得妈妈什么事情都做不了。路过的大人说一句"这孩子真可爱啊"并盯着自己看，孩子就会因为眼前这个陌生人的出现而哭得地动山摇。

认生这件事意味着孩子的认知发育正常，可以分辨出不同的人。而除了身边人之外不信任其他人这一点，则表示孩子的社会性发展尚未开始。但妈妈也不能因为想要快点纠正孩子认生的问题，就故意带着孩子与其他人接触，让这个也抱抱孩子那个也抱抱孩子。这种做法是不合适的，不仅会让孩子更加认生，还可能给原本稳定的母子关系带来不良影响。因为妈妈的行为会让孩子产生"对我来说是唯一的妈妈，却总带我去见陌生人，她可能想把我交给别人"之类的误解。

当孩子因为认生感到不安时，妈妈应该一直抱着或背着他们，要保证让自己一直处在孩子的视线范围之内，让他们感到安心。只有妈妈付出了足够的爱，才能让孩子发现这个世界的美好，并且对世界产生信赖。

🐚 孩子开始能自由活动后，要注意安全第一

以前只会躺着的孩子在 1 岁左右学会了坐立、爬行和站立后，就能随心所欲地做自己想做的事情了。也是从这个时候开始，父母感受到了养育孩子的乐趣，也能更轻松地理解孩子想表达的意思了，并常常因为孩子太过可爱而感到幸福。

但在这个时期，随着孩子活动量的变大，带孩子这件事也会变得更加费劲。因为孩子会到处跑动，会把家具都弄乱，会提出更多要求，还会经常耍赖。而此时父母最需要重视的便是孩子的安全问题。这个阶段的孩子很喜欢模仿大人，看到父母做什么都会跟着做，所有东西在孩子眼里都是玩具。因此，父母要记得将危险物品放置在孩子够不到的地方。特别需要注意的是，有的孩子进入房间后会不小心按到门锁而把自己反锁在屋内出不来，并因此大哭不止。我也曾经历过这种情况，庆模 1 岁左右时不小心把自己反锁在了屋里，一直哭个不停，最后我们只得砸了门锁，破门而入。要预防这种情况，家长们最好将每个房间的钥匙收起来，保管好。

另外，有不少孩子会因为缺乏安全意识而受伤或被烫伤。在这个时期，如果孩子受伤了，无论对父母或是孩子来说，都

是十分痛苦的事。说句不好听的，其后果可能不堪设想。在治疗的过程中，孩子会感到难受和烦躁，父母也会因为太过辛苦而疏忽对孩子的爱。同时，受了伤的孩子其发育系统也可能会出现问题，因此父母一定要特别注意。

第 1 章

哭闹问题

孩子一哭就去抱，
会养成坏习惯吗？

不少新手父母都会因为孩子哭闹的问题而感到烦恼。因为孩子一哭，自己就得放下手上的所有事去哄他们，如果孩子晚上不睡觉，一直哭闹，父母也难以安睡。对父母来说，不知道孩子到底为什么而哭是最难办的。尿布没湿，也刚喂完奶，但孩子就是哭个不停，父母真是气得想打人。在我认识的妈妈里，甚至有人会干脆抱着孩子一起哭。

但请不要忘记，在孩子学会说话之前，哭是他们表达自我情绪的唯一渠道。大部分孩子都不会无缘无故地哭，因此无论多辛苦，当听到孩子的哭声时，都请不要假装不知道，因为这代表孩子需要妈妈了。

＊孩子为什么整天就只知道哭？

世界上最困难的事情莫过于照顾孩子了，因为这意味着带孩子的人不仅需要具备充沛的体力，还要承受不小的精神压力。孩子不管什么事都离不开妈妈，每天就这么围着孩子团团转，有时会觉得自己好像被困在了监狱里一样。然而这样的生活并不是一两天就可以结束的，至少可能需要持续到孩子会走路、能说话的时候。一想到这里，妈妈们就会觉得眼前一片漆黑。说实话，每次孩子无缘无故哭个不停时，我真的会产生想打他们的冲动。

但是请试着站在孩子的立场上思考一下吧。在出生之前，孩子一直生活在妈妈温暖、安稳的子宫内，无忧无虑地度过了10个月，那里既没有噪声，也没有刺眼的光线。那时的他们不会感到肚子饿，只知道没日没夜地吃了睡、睡了吃，就这么快乐地生活着。但突然有一天，他们来到了这个世界上，感觉周遭的气温突然变冷了，听到了完全听不懂的吵闹声，还有刺眼的光线射到自己身上。对孩子来说，这些突如其来的变化本身就很恐怖，他们自己又什么都不会做，顶多只能蜷缩着身体，小手小脚乱抓着空气。此外，还得为了填饱肚子使出浑身力气吸奶，屁股尿湿了很不舒服也无能为力。经历着这一切的孩子的确也很委屈。

而当孩子感到焦虑和想要什么东西时，唯一的表达方式就是"哭泣"，因为孩子除了哭，其他什么都不会，所以只能放声大哭了。

与此同时，孩子也在努力适应这个世界。他们会根据不同的情况发出不同的哭声，心情愉悦时也会露出笑脸或发出美妙的笑声。这样的孩子是多么可爱啊。

但问题是，孩子带来的痛苦比快乐多得多，因此父母往往会忽略孩子可爱的一面，觉得孩子整天就只知道哭闹。

要知道这是十分正常的现象。反过来，如果孩子不哭，就证明他们的感觉发育有所迟缓。这样看来，没有什么比孩子哭这件事情更棒、更值得庆幸了。因此就算再辛苦，父母们也要多多忍耐一下。

✳ 及时回应孩子的哭声

这个阶段的孩子只能依靠"哭"这一交流方式来表达自身情绪并与这个世界进行沟通，因此每当孩子哭时，父母都要立即给予回应。当孩子想跟自己唯一认识的妈妈互动时，如果妈妈不给予回应，孩子就会产生很大的挫败感，并对这个世界失去信任。

尤其是在孩子出生后的 3 个月内，父母最需要做到的就是，尽可能并尽快去满足孩子的欲望。如果孩子的欲望能够一一得到满足，他们便会相信这个世界，并因此而形成正面的自我形象。相反，如果孩子的欲望没有及时得到满足，便会产生焦虑与恐惧的情绪，从此消极地看待这个世界，性格也会变得敏感挑剔，甚至更加爱哭。一旦进入这样的恶性循环，孩子与妈妈之间的关系也会变糟。

曾有妈妈问我："如果孩子一哭就立刻抱去哄，会不会让他们养成坏习惯？"

在西方国家，人们主张即使孩子哭了，父母也不要立刻跑过去，而是稍作等待，再过去查看。在某育儿网站甚至一些电视节目中也曾出现过类似的毫无依据的育儿指南，表示如果孩子的哭声太大，父母直接打开吸尘器，用吸尘器工作的声音来掩盖孩子的哭声。抛开可行与否的问题不说，这种用忽略的方式去对待这个时期需要获得很多爱和关注的孩子的做法，本身就很令人心寒。

另外，孩子一哭就立刻抱起他们、哄他们的行为，并不一定就会惯坏孩子，相反如果放任不管，反而可能导致孩子成长为性格糟糕的人。试想一下，如果孩子因为肚子痛、尿布湿了或希望得到妈妈的拥抱而哭泣，妈妈却没有及时回应，或是家里突然响起了吸尘器的巨大噪声，孩子该有多么无助啊！欲望一直得不到满足，只会使孩子越发感到失望和挫败，从此不再信任这个世界。他们会觉得"看来妈妈不爱我""原来我一点都不重要啊"，并且长成性格消极、做什么事都缺乏自信的人。因此，就算只是为了帮助孩子积极健康地成长，父母也应该及时回应孩子的哭声。

✲ 安抚哭泣的孩子，有助于他们的成长发育

正如前面所说的那样，孩子出生后要面临的最为重要的一个课题便是，建立起对这个世界的信任，这也被称为"基本信任"（basic trust）。所谓基本信任，指的是孩子对出生后见到的第一个人，也就是妈妈，所建立起的信任。但如果孩子的主要照护者不是妈妈而是其他人，那么他们与主要照护者之间形成的信任便是基本信任。孩子会通过基本信任来进一步建立自己对这个世界的信任。简单来讲，孩子在这个阶段所形成的基本信任，是其长大后为人处世的基础，会对他们今后的社交生活产生巨大的影响，这也是主要照护者的角色如此重要的原因。

妈妈的角色尤为重要。当孩子哭泣时，妈妈需要积极给予回应、哄他们开心，满足他们的需求，这些具体的行为都是帮助孩子逐渐建立起基本信任的重要方式。安抚哭泣的孩子是父母对孩子爱的表现，代表父母理解孩子、愿意满足他们的需求和帮助他们处理那些自己无能为力的事情。这些做法能够促使孩子成长为性格积极、活泼开朗的人。因此及时安抚孩子，使孩子停止哭泣的行为，从某种程度上来说，也是在帮助孩子完成这个时期的发育任务。

＊不要每次孩子一哭就先喂奶

有些妈妈一听到孩子哭，就会赶紧给他们喂奶。孩子的消化系统尚未开始发育，因此每天要分成好几次来给他们喂奶。虽然他们经常因为肚子饿了而哭闹，但也不能只要孩子一哭，就条件反射般地给他们喂奶。这个时期的孩子还没有发育到能够正确感知肚子饱饿的程度，因此即使已经饱了，但只要妈妈将乳头放进他们的口中，孩子依然会本能地开始吮吸，然后因为消化不良所引起的不适而开始哭泣，进而陷入一个恶性循环。因此，当孩子哭泣时，父母应该首先确认是尿布湿了还是他们哪里不舒服，排除这些原因之后再给孩子喂奶也不迟。

如果孩子
哭个不停

　　有时候孩子会无缘无故哭个不停。哄也哄了，喂奶和换尿布等各种方法也尝试了，都无济于事。这可能是因为妈妈没有找到孩子哭泣的源头所在，比如孩子自身的气质、身体健康状况或父母的育儿方式等方面是否存在问题。如果孩子一直哭个不停，父母首先需要确定具体原因，然后再对症下药。

＊孩子哭得停不下来，可能是身体问题导致的

　　曾有一位妈妈抱着出生只有 50 天的孩子到小儿科求诊，说孩子头天晚上一直哭个不停，整夜没有合眼，于是天一亮便马上带他来了医院，焦虑地等待着检查结果，担心孩子是不是得了什么大病。但医生的回复却很简单："这是婴儿疝气，很常见的，等孩子再大一些就不会出现这个问题了，不用太过担心。"

　　婴儿疝气通常发生在一个月大至三四个月大的孩子身上，症状主要表现为孩子会半夜无缘无故醒过来哭。如果这个时

期的孩子一切正常却总是哭个不停，无论怎么哄都无济于事的话，便很有可能是患上了婴儿疝气。令人有些无奈的是，医学界至今尚未找到婴儿疝气发病的确切原因，因此能够采取的措施就是尽量温柔地安抚孩子。站在父母的立场上来看，孩子明明感到不适却找不到原因，自然就会有些惊慌失措了。

像这种用尽所有办法却还是无法使孩子停止哭泣的情况，便说明孩子在身体方面可能出现了问题。比如，很多不满1岁的孩子会因为感冒性喉炎引发的呼吸困难、中耳炎引发的耳朵疼痛、特应症或湿疹引发的瘙痒等问题而难以安睡，于是一直不停地哭泣，这就是孩子发出的"身体不舒服"的信号。当发现孩子的哭声不同于平日时，父母就应该及时检查他们的身体状况，如果找不到原因就需要立刻前往医院就诊。

另外，如果孩子本身患有先天性疾病，在新生儿时期曾接受过大型手术或治疗的话，也可能会出现"暴风哭泣"的情况。手术或治疗会导致孩子变得敏感，因为一点儿小事就大哭，或是一旦开始哭泣就停不下来，这种孩子尤其需要悉心照料。孩子的情绪已经如此敏感，父母对孩子的照顾当然应该更为细致，平时也要多多注意观察，避免孩子再次出现心理问题，从而导致情绪恶化。

* 婴儿疝气的症状及治疗方法

孩子出现婴儿疝气时会紧握拳头，双臂向身体两侧张开，两腿弯曲至腹部或反复弯曲又蹬开，同时不断哭泣。他们会将自己所有的力气都集中在腹部，小脸涨得通红，轻则哭个几分钟，重则哭上几小时，这便是婴儿疝气的典型症状。这种疾病没有固定的发作时间，可以说随时都有可能发作，但主要集中在傍晚或夜间。

患有婴儿疝气的孩子的腹部看起来比正常小孩的更加鼓胀，摸起来偏硬且有胀气的感觉。当孩子感到紧张或是存在便秘、消化不良或胃肠道过敏等问题时，便可能会出现这种症状。但婴儿疝气的具体发病原因至今尚无从得知，因此目前没有非常有效的治疗方法。

值得庆幸的是，孩子到了大概 100 天大的时候，这种症状便会自然消失。因此在此之前，父母只要尽量避免让孩子受到惊吓，注意保持他们的情绪稳定就好。如果孩子出现了婴儿疝气的症状，最好的方式就是将孩子抱在怀里，让他们听到妈妈的心跳声，帮孩子揉揉腹部，使腹部保持暖和舒适，轻拍孩子哄他们入睡。

＊气质敏感的孩子

天生气质敏感的孩子也很爱哭，并且一哭就很难收场。分享一下我的个人经历吧。我的二儿子正模小时候就出现过这样的情况，一旦开始哭泣，谁都无法让他平静下来。正模每次开始哭之前，似乎都会先忍一忍，但爆发之后便无法控制，必须哭上很久才肯停下。

这种情况实在让人手足无措，就算非常辛苦，父母也应该尽量去了解并接纳孩子的这种特质，不要总想着纠正他们。不能强迫孩子改变性格，而是应该在一旁帮助他们做出调整，以免孩子受到气质的不良影响。如果妈妈能够引导孩子进行正确的调节，这样的性格特点也可能带来正面的结果。不少性格敏感的孩子也能够发挥出自身能力，成为社会上不可或缺的人才。因此，请父母将孩子的敏感气质看作他们的潜在优点吧。

*父母应该首先进行自我调节

换作以前，孩子哭了根本算不上什么大事。观察照顾孙子孙女的奶奶就会发现，就算孩子大哭大闹、躺在地上耍赖，奶奶也根本不当作一回事，总是表现得十分淡定。但因为现在大部分年轻人只生一两个孩子，所有精力都倾注在育儿这件事上，所以只要孩子稍微哭个一两声，就会提心吊胆，被孩子的一举一动牵挂着心绪。

但事实上，往往都是父母小题大做了。如果孩子不是出现了身体方面的问题，只是性格有些敏感的话，父母习惯就好，这并不会对孩子造成什么影响。如果对孩子哭泣这件事反应过于夸张，我觉得这就是父母自己的问题了。

首先，父母应该明白孩子偶尔大哭是十分正常的现象。认识到这个问题后，就可以用平常心来应对孩子的哭泣了，而不必过于慌张。孩子看到妈妈镇定的表现后，也能学会调节自己的情绪。父母要通过自己的行为让孩子明白，遇到生气或忍无可忍的事情时，发脾气和哭闹都是不能解决问题的。

这种方式可以有效地改善孩子大哭大闹的习惯。尽管每个孩子表达情感的方式各不相同，但要知道，他们的情感表达方式会受到身边人的影响。假如妈妈经常表现出受到惊吓、生气或难过的情绪，孩子就会看在眼里，并因此而受到影响。

*在孩子开始哭闹之前，父母最好先采取措施

在孩子开始号啕大哭、满地打滚之前，先发制人地采取预防措施不失为明智之举。比如我自己，以前只要看到正模快要哭了，就会不管三七二十一赶紧转移他的注意力。我会赶紧抱着他去别的地方，或者把事先准备好的玩具拿出来分散他的注意力。可以说，这就是在考验妈妈的眼力见儿。但凡妈妈稍微不够敏锐，就极有可能错过"堵住"孩子哭声的最佳时机。

平时多多观察孩子的生活作息和习惯，就基本能抓住他们准备开始哭泣的瞬间。如果父母想让孩子保持愉悦的情绪，平时应该仔细观察孩子究竟需要些什么、喜欢什么又讨厌什么。只要能控制住局面，别让孩子真的哭起来，就能减少很多麻烦事。

正如前面所说的，如果孩子真的哭了起来，父母一定要温柔地安抚孩子。因为孩子还不懂得自我调节，只要开始哭闹就会收不住，难以控制自己的情绪。父母要记住，越是在这样的时候，越要保持温柔和耐心。

孩子一到晚上
就开始哭

　　每当妈妈觉得筋疲力尽，打算躺下来休息时，孩子就会"瞄准"这个时机开始哭闹，无论怎么哄都没用，孩子就像被什么吓到了一样，一直号啕大哭。有一位妈妈说只要一关灯，孩子便会大哭起来，似乎很怕夜晚的降临。有些孩子白天一切正常，但到了夜晚就会哭个不停，这究竟是为什么呢？

＊ 孩子的恐惧心理

　　有些孩子只有在夜晚时才会哭泣。奶也喂过了，本来玩得开开心心的孩子，只要一关灯，周围变黑，就会开始闹腾大哭。这种状况如果长期持续，妈妈自然会苦不堪言，甚至因此而患上抑郁症。

　　孩子到了 6 个月大时便能体会到恐惧。在此之前，他们的世界里只有吃喝拉撒睡这些单一的生理需求，这之后便会开始产生以前从未有过的恐惧心理。

　　在这个阶段，如果周围环境突然改变，孩子就会感到害怕。例如，离开了平时一直生活的地方去到陌生之处，感到身体的摇晃或紧张，突然听到一声巨响，周围瞬间变暗，不经意被人为光线照射到，等等。这些都有可能引起孩子的恐惧。周围的环境变化越大，孩子的恐惧感也会越强烈。

如果孩子并不存在身体不适的问题，父母的育儿方式也没有问题，但孩子还是一到夜晚就开始哭闹的话，就有可能是其在发育过程中所体验到的恐惧心理所导致的。此时父母可以在屋里开一盏微亮的小灯，或是放一些安静的古典音乐，帮助孩子平复情绪。

✳ 父母的态度尤为重要

因为孩子尚听不懂话，一些父母便会十分焦急，总是问孩子："你怎么就哭成了这个样子啊？"事实上，就算只有三四个月大的孩子也能通过表情、肢体语言及说话的语气感受到父母的情绪，这便是所谓的非语言交流。因此，即使白天因为照顾孩子又累又烦，如果晚上孩子醒来哭的话，父母也一定要多抱抱他们，哄他们安心。父母温柔的怀抱能让孩子感到舒适，效果哪怕不是立竿见影，也会让孩子逐渐平静下来。相反，如果对哭泣的孩子发脾气说"拜托别哭了，让妈妈睡一下吧！"的话，孩子便会感到更加恐惧。

✳ 帮助孩子打造健康的身体和习惯

体质虚弱的孩子恐惧感更为明显。此外，孩子的性格不同，体验到的恐惧的程度也不相同。比如一些天生气质敏感的孩子，只要周边环境发生一丁点儿变化，就可能感到十分恐惧。

相比之下，气质温顺的孩子情绪更加稳定，不太容易感到恐惧，即使产生了恐惧心理也能更快克服。因此，父母平时要多与孩子交流互动，让孩子的性格变得更加活泼开朗，帮助他们健康成长。

✳ 面对晚上爱哭的孩子，父母千万不能这样做！

孩子最快在 2 个月大时就懂得区分昼夜了。如果因为孩子晚上哭闹，妈妈就给他们喂奶或像白天一样逗他们玩，孩子便可能会误认为晚上喝奶和玩耍是理所当然的事情。因此在这种时候，父母不能直接给孩子喂奶或者陪孩子玩耍，迟迟不哄他们睡觉。如果孩子不是因为饥饿而哭闹的话，父母无论如何都要想办法让孩子的情绪安定下来，努力帮助孩子再次入睡。

如果不知道
孩子哭闹的原因

每个孩子哭泣时的样子都不相同，哭法也因各自的原因而不同。哭的原因可能是孩子身体出现了异常、想要妈妈陪自己玩耍、需要得到妈妈的爱或情绪方面出现了问题，等等。不过，并不存在像"这个原因就会这样哭"这种完全对应的模式，因此父母需要寻找适合自己孩子的应对方式。

✱ 孩子的 4 种主要哭法

新手父母最苦恼的便是不知道孩子为何而哭。就算一开始时不太清楚，但只要平时注意留心观察孩子，慢慢就能发现，很多时候孩子的哭法是有差别的。尽管每个孩子情况不同，但根据我的个人经验及其他妈妈的说法，孩子的哭法可以分为 4 个类型，希望能供新手父母们参考。

一边眨眼，一边大哭

这种类型的哭法通常是因为孩子想睡觉了。此时孩子哭声相对低沉，并不尖锐，并且一般没有表情或眼泪，只是用干涩的声音假哭。遇到这种情况，首先应该为孩子准备适合入睡的环境，开着电视、播放吵闹的音乐或灯光太亮等都会导致孩子难以入睡。父母应该将室内环境调整得安静舒适，然后轻轻拍打孩子，哄他们睡觉。

睁着眼睛、张着嘴巴大哭

这种类型的哭法通常是因为孩子感到肚子饿了。此时父母把手伸到孩子嘴边，他们就会立刻转头盯着父母的手看，或是用嘴巴做出吸吮的动作。遇到这种情况，父母可以先确认孩子的喂奶时间，如果距离上一次进食已经超过2—3个小时，便要重新喂孩子喝奶了。如果刚喂完不久，也有可能是因为孩子没有喝饱；我们同样可以将其归为这一类型的哭法。

突然放声大哭

感到困了或肚子饿了的孩子，在大哭之前一般都会表现出不爱玩或不爱动的状态。但如果孩子原本笑得很开心，玩着玩着突然放声大哭的话，父母就需要检查一下是不是因为孩子的尿布湿了。就算原本玩得正起劲，屁股湿湿的不舒服的话也会让孩子突然大哭起来。如果尿布仍然干爽，就需要仔细检查孩子全身上下。一些已经开始吃辅食的孩子，偶尔也会因为食物残渣粘在衣服上感到不舒服而突然大哭。

没有眼泪地干号

通常孩子在需要妈妈时，也会发出很大的声音来呼唤妈妈。此时孩子脸上没有泪珠，脸色也不会发生太大的变化。如果孩子没有眼泪地大声干哭的话，基本都不是因为肚子饿了或尿布湿了，而很有可能是因为想妈妈了，希望妈妈抱抱自己或陪自己玩耍。遇到这种情况，妈妈只需要温柔地安抚孩子，让他们平静下来，注视着孩子，与他们进行互动即可。

＊孩子的哭闹可能是"疾病警报"

当听到孩子哭时，父母一定要仔细确认孩子的情况，因为哭泣可能代表孩子的身体出现了异常。婴儿疝气的高发期为孩子6个月大以前，患上这种疾病的孩子常会睡到一半突然被痛醒，接着放声大哭，哭声尖锐刺耳。如果发现孩子弯曲着双腿，肚子硬邦邦的，父母就要警惕婴儿疝气的问题。如果孩子是因为这个问题而不停地哭泣的话，父母其实不管怎么做都有些无济于事，能做的顶多就是，帮孩子轻揉腹部或是喂点热水，让孩子打打嗝。在疼痛消失之后，孩子便会像没事人一样再次正常入睡。

如果孩子哭闹得厉害，并且双手不断地伸向耳朵，哭得上气不接下气的话，便有可能是患上了中耳炎。尤其是本身患有感冒的孩子，患上中耳炎的可能性更高。因此父母需要及时带孩子到医院接受检查。

另外，如果确实找不出孩子哭闹的确切原因，并且无论父母如何抱、如何哄，孩子都反复哭哭停停的话，便有可能是出现了肠套叠①，每次肠子套叠在一起，孩子就会哭。遇到这种情况，父母一定要立即带孩子去医院检查。

---

① 指一段肠管套入相邻的肠管内（类似伸缩式望远镜收起时的状态），是一种少见病，分小儿肠套叠和成人肠套叠。小儿肠套叠多发生于2岁以下的婴幼儿，且男童发病率高于女童。

﹡ 如果无法得知孩子哭闹的确切原因

前面我们已经说过，哭闹是这个阶段的孩子表达自我的唯一方式，孩子的每一滴眼泪都是有理由的。但有时也会遇到无论如何都找不出原因的情况，这时候多半都是因为孩子想妈妈了，试图通过哭声呼唤妈妈来到自己身边。此时妈妈就应该回顾一下自己的行为，平时是否会经常与孩子进行眼神交流、对孩子说"妈妈爱你"之类的话，或是有没有及时帮助孩子解决问题。妈妈们要懂得时常反思自己。

即使孩子并没有哭闹，妈妈也要不断向他们表达自己的爱。否则孩子就会因为缺乏母爱而总是哭着找妈妈。

第 2 章

睡觉问题

适合让孩子
单独睡的时机

　　不少父母都会问，应该在什么时候让孩子单独睡才合适呢？很多时候父母早早就给孩子买好了床，但孩子却迟迟无法独自睡觉，导致爸爸需要到另一个房间去睡，夫妻关系逐渐变得冷淡……但如果因此而立刻让孩子自己睡觉的话，又可能会对孩子的情绪发育造成不良影响。想到这里，父母们自然不敢轻易尝试了。

✳ 让孩子独自睡觉的理由

　　在国外，为了培养孩子的独立精神，大部分家长在孩子很小时就会让他们单独睡。在尤为重视个人生活的西方国家，父母自己的私生活远比育儿这件事重要。在这种价值观的影响之下，西方人的育儿原则便是，从小培养孩子的独立精神。因此许多父母会在孩子1岁前就准备好儿童床和单独的房间，让孩子养成独自睡觉的习惯。就算孩子哭闹，也只是哄一哄孩子，不会因此而陪孩子一起睡。

但事实上，我们并不能说这种育儿方式是百分百正确的。因为对于1岁以下的孩子来说，最重要的并非独立性的培养，而是与父母建立起坚固深厚的情感联系。如果孩子见不到妈妈就大哭，那便说明还没到让孩子独自睡觉的时候，否则就可能影响孩子的情绪发育。试想一下，在黑暗的房间里醒来的孩子发现妈妈不在身边，目光所及只有漆黑的天花板，此时孩子该是多么的惊讶和恐惧啊。因此，如果孩子表现得害怕和拒绝与妈妈分开睡的话，父母就不应该执意让他们单独睡。

＊适合让孩子尝试单独睡的时机

到了3岁左右，孩子自然就会开始明白，和妈妈分开睡并不意味着"真的与妈妈分离"，此时就可以引导他们独自睡觉了。但如果孩子依然表现得害怕或抗拒一个人睡觉，父母就不应该勉强他们。

到了五六岁大的时候，孩子基本的生活习惯和性格已经定型，此时父母便可以试着让孩子单独睡了。不过这个过程也要分为几个阶段，不能急于求成。孩子刚开始一个人睡时，父母不要将他们的房门关上，要告诉孩子爸爸妈妈就在外面，并且通过将孩子的房间布置得很漂亮或者为孩子买新床等方法，让他们对自己的房间产生归属感，即使一个人睡觉，也能感受到父母满满的爱。

关于孩子是否适合独自睡觉的评判标准并不在于其年龄，而是要看孩子的情绪是否稳定。当孩子完全能够接受与妈妈分开睡，并且一个人也能睡得安稳的时候，父母便可以开始做出尝试了。

孩子每天夜里
至少会醒来一次

孩子 1 岁以前，父母常会担心他们晚上睡到一半就醒来。这对父母来讲的确是一件非常痛苦的事情。另外，由于夜晚良好的睡眠是孩子体格发育的保证，因此父母们总是担心睡眠不佳会影响孩子的生长发育。

但其实不必太过担心这个问题。因为小孩的睡眠本身就比大人的要浅，所以很容易睡到一半醒过来。虽然半夜起来哄孩子不是一件容易的事，但只要过了这个阶段，就不需要这么辛苦了。既然这是非做不可的事，父母就需要用积极的心态去面对。

❋ 如果孩子睡眠质量差

有 2/3 的生长激素是在夜晚通过脑垂体分泌的，这些激素含有刺激内分泌腺的成分，对孩子的成长与发育起着十分重要的作用。而这些分泌工作基本都是在夜里进行的。因此，如果孩子睡眠质量差，入睡后容易醒来，就可能会导致发育迟缓。

另外，睡得不好也会导致孩子的抗压力、注意力、忍耐力、好奇心及活动力下降。仔细观察那些爱发脾气、注意力不集中的孩子就会发现，他们中的大部分睡眠时间都不规律。这也恰好为我们解释了为什么孩子一犯困就会表现得很烦躁，甚至会不停地哭闹。

相反，睡眠质量好的孩子总是显得心情愉悦、注意力集中且好奇心强，因此学习能力也更强。同时，睡眠期间人体免疫力也会有所上升，多睡觉也可以增强抵抗力。这就是说，如果父母希望孩子健康聪明，让他们好好睡觉是至关重要的。

✱孩子经常睡到一半醒过来

孩子在1岁之前生物钟尚不规律，不仅很难哄入睡，就算睡着了也会经常醒过来。再加上孩子睡眠浅，容易做噩梦，对外界刺激的反应自然就会更加敏感。许多气质敏感的孩子往往在入睡一两个小时后就会醒过来哭闹，或是翻来覆去，难以再次入睡。

孩子一旦醒来，没有父母哄的话是不会自己主动睡去的。这个阶段的孩子尚无法做到自己入睡，因此尽管对父母来说这不是一件容易的事，但如果能在这些时候好好哄哄孩子，他们就能更快地建立起良好的睡眠模式。

✱夜晚喂奶是影响孩子睡眠的"主犯"

许多妈妈在孩子6个月大之前，常会半夜给孩子喂奶。但因孩子夜里醒来哭闹而习惯性地给他们喂奶，这种做法其实是不正确的。喝奶过量会导致孩子体重急剧增加、尿量变多、大便变稀、尿布易湿等，这样一来孩子就更不可能获得良好的睡眠了。另外，由于孩子尚不能区分"需求"与"习惯"，如果妈妈总是半夜给孩子喂奶的话，之后每天差不多这个时间，孩子就会习惯性出现肚子饿的错觉，然后醒过来哭闹，因此父母需要注意这一点。

如果真的需要喂孩子喝奶的话，最好尽可能安静快速地喂完，喂到孩子不再闹腾时便立刻停下来哄他们入睡。有些妈妈在喂孩子喝完奶后便想着，孩子既然醒了就陪他们玩一下，但经常这样做可能会导致孩子养成晚上不肯睡觉、只想玩耍的习惯，因此妈妈喂完奶后应该立即哄孩子入睡。因为哄孩子重新入睡并不容易，需要花些时间，所以还是尽量避免半夜喂孩子喝奶的好。此外，可以在安静的环境中哄孩子，引导他们入睡。

★ 如果想减少孩子睡到一半醒来的次数

首先，睡觉前要尽量避免喂孩子吃太多东西，因为这样会打乱孩子的睡眠生物钟。另外，必须帮助孩子戒掉睡前爱玩的习惯。睡前玩得太久，孩子的情绪就会持续处于兴奋状态，这样即使睡着了也可能容易醒来。

同样的道理，开着电视或广播也不利于孩子入睡。就像大人常在睡前需要通过看书或写日记等方式平复心情一样，孩子也是如此。他们需要时间来放松一整天紧张的神经和心情，才能慢慢进入睡眠状态。

✳ 如果爸爸深夜回家时喜欢叫醒孩子

孩子出生后的前三四年，是父母最为忙碌的时期。买房、买奶粉、买尿布，经济负担实在太大了，职场竞争的压力也不容小觑。因此，白天几乎没有时间陪伴孩子的爸爸，夜里下班回家后总是喜欢叫醒孩子，告诉他们："爸爸回来啦。"

但是，如果强行叫醒睡眠质量本就不好的孩子，可能会扰乱他们的睡眠模式，还会影响他们生长激素的正常分泌，给孩子的成长发育带来不良影响。因此，强行弄醒孩子的爸爸可以说是完全不及格的爸爸。虽然非常理解爸爸想和孩子玩耍互动的心情，但如果真的是为孩子着想，请爸爸静静地看着孩子的脸庞就好，不要故意吵醒他们。

✳ 如果孩子做噩梦

"看来孩子是做噩梦了啊，凌晨那会儿哭着醒来，像在梦中看到了可怕的东西一样。"许多父母都很担心发生这种情况。噩梦指的是那种会令人惊醒的可怕梦境，其特征之一就是醒来后能够回想起梦里的内容。

但是，1岁前的孩子做的噩梦与大人的并不相同。与其称之为噩梦，更为恰当的解释应该是，孩子因为讨厌与父母分开而产生的焦虑心理。

导致焦虑心理产生的原因有很多。包括害怕父母离开自己，稍大的孩子则会担心刚出生的弟弟或妹妹抢走父母对自己的爱，或害怕被父母抛弃在托儿所，等等。此时父母便应该竭尽所能地向孩子表达自己的爱，给予他们充分的安全感。

随着年龄的增长，孩子做噩梦后的表现也会变得不同。大部分孩子醒来后会大哭，直到父母跑来安慰自己才肯停止。稍微大一点的孩子会自己跑去找父母。年纪更大一点的孩子则能意识到噩梦并非现实，因此不会吵醒父母，一会儿之后便能再次睡着。

做噩梦是每个孩子在成长发育过程中都会经历的事情，父母不必太过担心。大部分孩子随着年龄的增长，情况会变好，因此并不需要接受其他特殊治疗。如果发现孩子像是正在做噩梦的样子，父母只需叫醒孩子，将他们揽入怀中，给予温柔的安抚就足够了。同时父母也要回想一下孩子是否在睡前玩得过于兴奋了，如果是的话，降低刺激也是减少孩子做噩梦次数的办法之一。

小贴士

不要随便喂孩子吃神经类药物

孩子晚上惊醒大哭时，有些父母会喂他们吃神经类药物，但这种做法显然是错误的。孩子惊醒是由于大脑神经尚未得到完全发育所造成的。如果每次一哭就喂孩子吃具有镇定效果的神经类药物的话，就有可能破坏孩子的神经发育。再者，虽然孩子吃下神经类药物后，一些表面症状能够得到缓解，但却有可能导致他们身体其他方面的问题难以被察觉，从而耽误治疗，这样一来会导致更严重的问题。

如果孩子闹觉
闹得太厉害了

"我只要一把孩子放到床上，他就会立刻把眼睛瞪得圆圆的""看起来感觉是强撑着不睡，有时真的烦死人了""孩子要是能哄一次就睡着，我就别无所求了"，几乎所有妈妈都曾因为孩子闹觉的问题感到极度苦恼过。如果强行哄孩子睡觉，严重时甚至可能会破坏妈妈与孩子之间的关系。那么孩子究竟为什么总是难以入睡呢？是否有让他们快速入睡的好办法？

✳ 入睡困难的孩子的心理

孩子闹觉的原因有很多。首先，他们尚不懂得"一觉醒来便是新的一天"这个道理。尽管专家们的意见有些不同，但他们中的大部分人都表示，孩子至少要到 3 岁左右时，才会明确地产生"明天"这个概念。

当睡意来袭时，孩子的感官会变迟钝，不太能够看清妈妈或感受到妈妈肌肤的触碰，因此会误以为自己跟妈妈分开了。"明天"这一概念尚未形成，夜里又不太容易感受到妈妈的存在，因此自然就会出现闹觉的问题。入睡这件事会导致孩子产生强烈的不安和恐惧情绪，于是他们总是强撑着不肯睡去，折腾个不停。

此时的孩子就算再困，也会把眼睛瞪得老大。也有一些孩子会把娃娃抱在怀中陪伴自己，以此减少焦虑感，这就跟孩子困了会吮吸手指的道理一样。

✳ 孩子闹觉的原因

气质因素也会导致孩子闹觉。有的孩子天生容易入睡，也有的孩子天生就难以入睡。有的孩子每晚睡着后会醒来好几次，也有的孩子从小就能一觉睡到天亮。

除此以外，喂奶过少或过多、尿布湿了、身体不舒服等情况都有可能导致孩子难以入睡。像是中耳炎之类的疾病或长牙带来的疼痛感也会成为孩子闹觉的原因。

排便训练过程中引起的压力也是不可忽视的一个原因。在与妈妈已经建立起依恋关系的时期，孩子会很讨厌跟妈妈分开，由此产生的分离焦虑可能会使孩子的闹觉问题变得严重。

还有，室内温度过高、周围环境吵闹、换床或者白天午觉睡太久等也是值得考虑的因素。如果孩子非要妈妈抱着才能入睡的话，就可以看作是在闹觉了。孩子每次闹觉的原因可能都不一样，因此每当这个时候，父母一定要仔细了解原因，然后"对症下药"。

❋ 哄睡前要先保证孩子的情绪安定

如果妈妈强行哄孩子睡觉或是对着孩子发脾气的话，孩子就可能产生"看来妈妈不想跟我在一起""原来妈妈讨厌我啊"等想法，自然就会备感焦虑了。此时妈妈应该先安抚孩子的情绪，使孩子感到安心。我经常说的是，在思考应该如何应对闹觉的孩子这个问题时，可以试着回想一下传统的育儿方式。

以前，奶奶们在哄孙子、孙女睡觉时，都会用低沉的声音哼催眠曲给孩子听，一下一下轻轻地拍打孩子的后背，耐心地等待他们入睡，不会对孩子发脾气或表现得不耐烦。

请妈妈们回想一下奶奶们的育儿方式吧。就像这样抱着孩子、哄着孩子，让孩子明确感受到妈妈是和自己在一起的就行。因为对孩子来说，妈妈就是整个宇宙，孩子需要依靠着妈妈才能安心入睡。

❋ 积极向身边人寻求支援

哄孩子睡觉是件十分辛苦的事情，但让妈妈们感到更加心累的却是"什么事都是我的责任"这一强迫观念。哄睡时最重要的一点就是妈妈自己的心态。如果妈妈因为力不从心，哄孩子睡觉时带着烦躁或生气的情绪的话，不仅很难让孩子尽快睡着，还会导致孩子对妈妈产生负面情绪。因此，当妈妈感觉很累、快要崩溃时，请积极向周围的人，也就是孩子的爸爸、自己的娘家妈妈或婆家亲戚等人寻求帮助。这么做与其说是为了妈妈自己好，不如说是为了保证孩子的健康成长和情绪稳定。

缓解孩子闹觉情绪的3个办法

1.了解孩子的睡眠模式，检查周边环境

在这个阶段，孩子出现睡眠障碍的原因之一就是，父母根据自己的生活节奏强行改变孩子的睡眠模式。至少在孩子百日之前，父母都要配合孩子的睡眠模式。另外，请为孩子营造一个安静的环境，避免他们的睡眠质量受到影响。

2.父母要一直陪伴左右，直到孩子入睡

到了开始认生的6—8个月大时，孩子对妈妈的依赖情感会越来越深，因此十分害怕睡着后与妈妈分开。这种情况会持续到孩子36个月大左右。在此之前入睡时如果妈妈不在身边，孩子便有可能大哭大闹。因此，为了让孩子感到安心，在孩子入睡前和醒来后，妈妈都应该守护在他们身边。

3.立刻哄孩子和放任孩子哭太久都不太合适

尽管每次孩子哭的时候都无条件喂他们喝奶或陪他们玩耍的做法并不好，但为了让孩子养成睡觉的习惯而放任他们哭闹太久更不合适。大部分的孩子都是因为妈妈不在身边感到焦虑才开始哭闹的，因此这种时候请妈妈将孩子抱在怀中，不断地安抚他们的情绪。

不同阶段孩子的
睡觉问题的应对措施

孩子在1岁之前会迅速成长发育，这个阶段也是帮助他们建立良好的睡眠模式的关键时期。睡眠模式会随着孩子月份的变大和发育的状况而改变，也会给孩子的身体健康及其他习惯造成影响。如果孩子出现了睡眠障碍，可以参考以下应对措施。但每个孩子在身体和心理方面的成长发育状况并不相同，因此请不要将以下内容当作绝对标准。

* 0—2个月大的孩子

新生儿每天的睡眠时间很长，说是一整天都在睡觉也不为过。通常新生儿每天会睡20个小时左右，但在出生后的前几周内，他们醒来的时间都不太规律，是不分昼夜的。由于这个阶段是婴儿疝气的高发期，因此孩子夜晚醒来哭闹的情况也是常有的。严格来说，我们很难将这种情况称为睡眠障碍，只能说是孩子发育过程中的必经之路。在这个时期，请父母试着思考一下，以后当孩子出现睡眠障碍时应该如何哄他们再次入睡。我们可以尝试各种方法，适合每个孩子的哄睡方法多少有些差异，希望各位家长能够掌握一些适合自己孩子入睡的方法。

*3—6 个月大的孩子

这个时期最关键的是，要调整夜晚喂奶的次数。每次孩子睡到半夜醒来，父母总会先给他们喂奶，这种做法是不可取的。如果孩子并没有感到肚子饿，父母却以哄睡为理由强行喂孩子喝奶的话，这是不好的。因为如果孩子习惯了半夜起来喝奶，就很难养成规律的睡觉习惯，这也会让妈妈觉得更加辛苦。如果孩子晚上醒来，最好在喂奶前先试着抱抱孩子、安抚孩子。如果这样做了之后，孩子依旧哭个不停，父母就可以尽快喂他们喝一些奶，只要稍微填饱肚子即可。需要注意的是，如果孩子突然醒来大哭的话，父母要先观察他们的身体是否出现了异常。

*7—8 个月大的孩子

这个时期的孩子虽然会渐渐形成自己的睡眠模式，但也会开始出现分离焦虑，十分害怕与妈妈分开。加之此时孩子的快速眼动睡眠时间是成人的两倍，睡眠非常浅，因此睡觉时常会醒来，还老是翻来覆去。父母需要知道的是，处于分离焦虑期的孩子大部分都会出现睡眠障碍。孩子从梦中醒过来哭闹或难以入睡时，妈妈一定要守护在他们身边。如果平时照顾孩子的是其他人而非妈妈的话，那位主要照护者也同样应该这样做。

✱ 9—12 个月大的孩子

快到1岁时，孩子白天睡觉的次数会大大减少，一旦睡着便能睡很久，这就说明孩子的睡眠模式已经跟成人的差不多了。如果这期间孩子的进食习惯也逐渐变得规律的话，睡前即使不吃东西也不成问题。

一些小儿科医生认为，从发育的角度来看，孩子睡到一半醒来时，不吃东西重新入睡其实是比较好的。为了让孩子能够养成一觉睡到天亮、中途不容易醒来的习惯，父母们在帮助孩子养成良好的进食习惯的同时，也要考虑周边环境是否足够舒适、安静。在孩子睡觉前，给他们阅读童话故事或唱唱催眠曲，也是不错的选择，这些都可以让孩子感到安心。

第 3 章

认生问题 & 分离焦虑

孩子紧紧黏着妈妈，妈妈完全无法抽身

8 个月大正是孩子爱哭的时候，妈妈们常会为此感到十分担心。许多妈妈都说，自己只是离开一小会儿，孩子便会号啕大哭。去个卫生间孩子也会哭得撕心裂肺，必须要给厕所门留个小缝，保证孩子能够看到自己的脸才行。看着一位位一脸严肃的妈妈，我总会轻松地告诉她们说："你别担心！这个时期的孩子因为看不到妈妈而哭闹是再正常不过的事情了。"

＊孩子面临的第一个课题：与妈妈分离

孩子到了 8 个月大左右时，就会变得爱憎分明。会执着于玩自己喜欢的玩具，也会喜欢身边那些经常能够看到的亲近之人。而对于自己讨厌的东西，他们就会通过大哭或发脾气等方式来表达不满。这其实意味着孩子的大脑开始发育，逐渐变得成熟了。

然而，这会导致孩子极度害怕和讨厌跟妈妈分开。在孩子出生后的 6 个月时间内，他们会认为妈妈跟自己是一体的，之后才逐渐认知到自己与妈妈是两个独立的个体。当发现自己和妈妈随时有可能分开这一事实后，孩子便会产生焦虑情绪。随着这种焦虑情绪的不断累积，有时就算妈妈只是暂时走开一下，独自被留下的孩子也会哭得地动山摇。如前所述，孩子与妈妈分开时所产生的焦虑就是"分离焦虑"。

孩子产生分离焦虑后，就会变得一刻都不愿意跟妈妈分开，妈妈也会因此而感到十分辛苦和烦躁。但这也反过来证明，孩子已经与妈妈建立起了稳定、良好的依恋关系，这也意味着孩子已经顺利度过了成长发育过程中一个重要的阶段。相反，如果孩子没有表现出分离焦虑，则表示孩子与妈妈之间的依恋关系可能存在问题。这样的孩子稍微长大一点之后，就可能会出现情绪障碍。

分离焦虑是孩子在这个世界上需要面对的第一个课题，必须顺利通过这一关才能良好地解决今后的人生难题。一般女孩到了3岁左右，即使妈妈不在身边也能很好地与他人相处。男孩则会晚一些，需要到4岁左右才能克服这个难题。但每个孩子的发育速度不一样，因此即使在这方面发育有些迟缓，也无须过于担心。但如果孩子已经到了上幼儿园的年纪，却还是十分恐惧与妈妈分开，或只要妈妈不在身边就表现得很忧郁、提不起任何兴趣的话，父母就要确认孩子是否患上了分离焦虑障碍。

✳ 如果孩子不曾出现分离焦虑

过了8个月大之后，孩子已经能够分辨出关系亲近之人和不熟悉的人了。因此只要妈妈不在身边便会大哭大闹，用尽一切方法表现出自己的焦虑。

二胎出生、父母吵架或搬家换环境等情况，都会导致孩子的分离焦虑症状变得更加严重。事实上，导致孩子的分离焦虑症状加重的根本原因只有两个，一个是孩子天生的气质问题，另一个就是父母与孩子之间的感情不够深厚稳定。就像前面所说的那样，孩子到了两三岁时，其分离焦虑症状自然就会开始减轻。但根据情况的不同，也有一些孩子会因情绪发育迟缓或疾病等因素导致分离焦虑长期存在。

这类孩子大多都不太能适应幼儿园或学校的环境，与同龄人的关系也较差。如果经常与妈妈分开，或因为被过度保护而几乎没有与父母分开过，孩子很有可能会无法适应入学后的新环境，同龄的朋友很少（通常可能只有一两个），平时玩耍的地点也只局限于自己熟悉的家里或游乐场。严重时，有的孩子甚至会以身体不舒服为借口逃避上学。

＊故意假装离开会导致孩子的焦虑情绪加重

一些妈妈因为担心孩子过度依赖或是觉得孩子的反应很可爱，会故意假装离开孩子或藏起来不让孩子看到。这种行为对原本就很害怕与妈妈分开的孩子来说是大忌。妈妈因为要做家务而将孩子独自放在学步车上，自己去别的房间整理家务，这样做会让孩子感到极度不安，而这种不安也会刻在孩子脑海里，最终带给孩子更加强烈的焦虑感。

健康的孩子最快在1岁前后会开始发现"原来世界上还有

很多东西都比妈妈有趣",并因此逐渐脱离妈妈的怀抱,独自去探索外面的世界。而在此之前,每当孩子感到焦虑时,妈妈都应尽量去拥抱他们,给予他们充分的安慰和安全感。最重要的是,要尽量多多陪伴孩子,让孩子确信,无论何时妈妈都会在自己身边。如果因为不得已而需要离开的话,一定要明确地告诉孩子:"妈妈永远爱你,妈妈很快就会回来的。"

此前,我再三强调过,在父母与孩子建立起稳定的依恋关系的1岁以前,父母应该尽可能多地花时间陪在孩子身边。如果孩子生病了,父母无论多忙都一定不能离开孩子。如果在孩子最需要的时候妈妈却不在身边,孩子就会在无意识间感到绝望,并且对妈妈产生恨意,最终破坏母子间的依恋关系。

如果孩子过于认生，
父母需要注意什么？

孩子过分认生会使妈妈感到辛苦。别说是奶奶、爷爷了，就连姑姑、叔叔等人，孩子也不愿靠近。爸爸只是换了一副眼镜，孩子就会哭哭闹闹，害得妈妈完全没法休息一下，喘口气。每次去婆家，孩子也总是因为认生而大哭大闹，妈妈就会感到十分狼狈。非常想念的孙子不愿意亲近自己，只知道哭个不停，爷爷奶奶想必心情也不会太好，这种情况只会令妈妈心里感到过意不去。

✱ 认生是大脑发育的证据

随着孩子越来越了解这个世界，他们会开始对自己以外的其他人产生害怕和恐惧的情绪，这种现象被称为"认生"。孩子认生的对象可以是陌生人，也可以是某些动物、声音或孩子自己想象出来的东西。

虽然每个孩子的情况不同，但一般到了6个月大左右时，孩子就会开始认生。即便是再单纯的孩子，到了这个阶段也一定会变得警惕陌生对象，严重时甚至会哭到引发惊厥。认生是因为孩子已经能够辨认出自己的妈妈了。以前由于孩子无法区分熟人与陌生人，所以不会认生。现在孩子既然已经学会了辨别，也有了恐惧心理，自然就会认生了。这也意味着孩子的记忆力得到了发展，同时已经形成了自己的思维系统。

尽管气质各异，但对于孩子来说，现阶段所有眼生、耳生的新东西都会给他们带来恐惧。但害怕陌生对象这件事，实际上也代表着孩子正在渐渐融入这个世界。虽然认生的行为常会让周围的人感到尴尬，但反过来想，至少现在孩子已经具备了辨认妈妈的能力，因此应该用积极的态度去看待。

✳ 认生 VS 分离焦虑

尽管认生与分离焦虑的原因都与妈妈有关，但两者产生的根本原因显然不一样。认生是指孩子到了 6 个月大左右时，会开始抗护妈妈以外的所有陌生对象；而分离焦虑则指的是孩子过了 10—12 个月大之后，十分害怕与妈妈分开。假如主要照护者是其他人而非妈妈，那么认生与分离焦虑便与当时的那位主要照护者相关。

✳ 请对孩子的恐惧表示共情

缓解孩子认生的最好办法是，让他们获得安全感，相信自己是安全的，然后慢慢适应。

首先，要对孩子的恐惧情绪表示共情。对于现阶段正在探索世界的孩子来说，所有新的、没见过的事物都是令人害怕的。妈妈要与孩子站在同一阵线上，理解他们的恐惧情绪和因此而做出的行为。同时，发现孩子害怕某一种东西时，妈妈可以通过自己的行动让孩子知道这种东西并不可怕，这也是值得尝试的办法。

其次，在日常生活中，只要孩子处于自己的保护范围内，父母可以尽量满足孩子的好奇心。假如平时父母总是以"保护"为由，限制孩子的各种行为，就会导致孩子愈发认生，过多的束缚会让孩子认生得更严重。

此时最重要的问题是，孩子究竟有多信任妈妈？只有百分百的信任才能让孩子克服恐惧。

当孩子认生时，妈妈如果能够耐心温柔地加以对待，孩子就会越来越信任妈妈，渐渐克服认生的问题。但如果妈妈不这样做，便会导致孩子的认生问题变得更加严重。

✱ 故意带孩子与陌生人接触是大忌

偶尔会有父母为了让孩子克服认生的问题，强行带着他们与陌生人见面。我所认识的一位孩子爸爸便有过这样的行为。他一边抱怨着15个月大的儿子脸皮太薄、缩手缩脚，一边强迫孩子跟所有的亲朋好友打招呼、问好，还总是命令孩子单独坐到一群大人中间去。孩子由于压力过大，变得更加焦虑了，夜晚无法入睡，以至于最后需要接受医生的治疗。

像这样父母为了让孩子克服认生问题所做出的努力，反而导致孩子患上焦虑障碍的案例并不罕见。一定要避免让孩子在没有妈妈陪同的情况下与陌生人单独相处。如果孩子与陌生人身处同一个空间，妈妈最好要一直陪着孩子，以免他们感到焦虑不安。孩子必须要认识到"原来除了妈妈以外，也有其他的好人啊"这个事实后，认生问题才能逐渐缓解。刚开始带孩子与其他人见面时，时间要尽量短一点，之后再慢慢延长见面的时间，让孩子有个缓冲期。注意，不要只让孩子与妈妈亲近，也要让孩子经常跟爷爷、奶奶、姨妈等身边人相处，与他们培养感情。

孩子到了 3 岁左右时，便会不那么认生了，但由于每个孩子的气质不同，所以在具体的时间点上可能存在一些差异。如果是认生问题尤为严重的孩子，比起强行纠正，尊重孩子的气质、让一切顺其自然的做法才是最明智的。

＊如果孩子天生气质敏感

天生气质就很敏感的孩子，即使不是处于认生的年龄阶段，也可能会抗拒他人触碰自己。有时与陌生人距离太近也会导致孩子感到害怕。这样的孩子也非常容易因为他人的眼光或一点言语而受到伤害。因此，如果想要减轻孩子只肯依赖妈妈的认生问题，就需要充分认同孩子的行为，用爱去治愈他们。此外，即使孩子适应外界的过程较为漫长，父母也要保持耐心，不要催促或责怪孩子，而应该怀着从容的心情去等待，这样孩子最后一定可以克服认生的问题。很多时候，父母就当是孩子的性格发展比别人慢半拍就好了。

孩子完全不认生
也是不正常的

　　我曾在演讲现场与一位妈妈进行过对话。她得意地表示，自己的二胎孩子气质特别温顺，一点都不认生，被谁抱着都不会哭，总是很安静。我问她："孩子快 1 岁了，但是一点都不认生吗？"她却说："认什么生呀，被第一次见面的人抱在手里都不会哭呢！"

　　如果孩子完全不认生、不害怕任何人，表现得温顺乖巧，妈妈就会觉得孩子非常惹人爱。但事实上，如果孩子真的完全不认生，父母就有必要认真地确认一下，他们是否一切正常了。

＊依恋关系存在问题的证据

　　如果孩子太过认生，妈妈们就会有些担心。但反过来，如果孩子完全不认生，大部分妈妈就会像上面这位妈妈一样，得意地说些"我家孩子气质真的很温顺""孩子性格很好，被谁抱都不抵触"之类的话，并因此而感到安心。但实际上，相比过分认生，孩子完全不认生，也许问题更加严重。

如果孩子"来者不拒"，愿意被任何人搂着、抱着，就证明他们并没有与妈妈建立起稳定的依恋关系。换句话说，孩子可能存在婴幼儿时期最为棘手的依恋障碍。

假如孩子最喜欢的人不是妈妈，被妈妈抱着时没有表现出特别高兴或舒服的样子，对他人也漠不关心的话，便说明他们可能不信任这个世界，对任何人都没有感觉。此时妈妈就有必要检讨一下自己与孩子之间的依恋关系是不是出现了问题。

此外，如果孩子从很小的时候就被寄放到托儿所等地方，平时照料他们的人有好几个，即主要照护者不太稳定的话，也会让孩子变得不太认生。在与妈妈建立起依恋关系之前，孩子长期接触的对象是保姆老师，因此自然不会认为妈妈是非常特殊的存在。如果属于这种情况的话，父母就一定要在孩子回到家后抽出充足的时间陪伴他们，时不时抱抱他们，坚持陪他们玩耍，这样孩子与妈妈之间的关系便会得到改善。

✱智力低下的孩子不认生

在不认生的孩子里，有少数一部分患有自闭症。这些孩子由于疾病原因，无法与妈妈进行正常交流，也不能很好地认知这个世界。社交能力差，缺乏对他人的理解，因此会显得不认生。另外，智力低下也会让孩子认生的时间点延后或始终不太认生。因为大脑发育异常，所以才会辨别不出妈妈与其他人之间的区别。

假如父母平时已经给予了孩子悉心的照顾，与孩子相处的时间也很充分，但到了 8 个月大左右时，孩子依旧完全不认生，便有必要带孩子到医院接受检查，确认孩子的发育是否出现了问题。

孩子十分恐惧
陌生事物

有时妈妈下定决心带孩子去旅行，庆祝他满周岁。本以为孩子会很开心，没想到一路上又哭又闹，吵个不停，妈妈也因此而感到无比糟心。我第一次带庆模外出旅行时，就经历了类似的事情。

为了能给孩子一些新鲜刺激，我带他去了从没去过的海边，希望让他听听海浪的声音，被海水浸泡一下双脚。但到了海边才发现，别说把脚泡在海水里了，只要稍微靠近大海一点，庆模就表现得十分害怕，哭个不停，整个旅途自然是非常不顺心了。现在回想起来，这是因为庆模对新鲜事物的适应比较缓慢，而所谓的旅行就是到一个陌生的地方，这自然会使他感到害怕。真不明白自己当时为什么要那样做。

＊未满1岁的孩子不适合接受新鲜刺激

妈妈们总是期待孩子能够喜欢上新鲜的刺激和体验，但往往不尽如人意，尤其是在孩子尚不满1岁的时候。请试着观察孩子适应新事物的过程。比如，把会说话、能跳舞的娃娃作为礼物送给孩子，然后看看他们的反应。刚收到礼物时，比起喜爱之情，孩子首先流露出的更可能是警惕，一些孩子甚至会被吓得浑身一激灵，然后开始号啕大哭。能歌善舞的娃娃最初都会令孩子感到陌生和可怕。时间久一点之后，他们才会尝试着触摸一下娃娃，然后开始进行探索。

孩子需要一定的时间去适应新鲜事物，因此至少在孩子未满1岁之前，尽可能避免带他们到陌生的地方旅行。陌生的环境只会给孩子带来巨大的压力，而不是像妈妈们所想的那样，能丰富他们的人生经历。

*请多一点耐心，等待孩子适应新鲜刺激

孩子恐惧陌生事物是正常的。对于陌生事物，一开始孩子难免会感到恐惧，过一段时间之后就会开始好奇，到最后会慢慢习惯甚至喜欢上，这个过程是水到渠成的。尤其需要注意的是，一旦孩子的恐惧情绪变得非常强烈，就会浇灭他们的好奇心和学习欲望。如果孩子恐惧陌生事物，父母就要给予他们充分的时间去适应，让孩子感到安心，耐心地等待他们的变化。

孩子
很排斥爸爸

晚上 8 点，孩子正坐着学步车在客厅里转来转去。突然听到门铃声，他一下子就紧张了起来。接着爸爸走了进来，然后孩子就开始大哭。我觉得对孩子来说，这就像眼前出现了一头熊一样。孩子哭得那么厉害，看得我心里好难受。

"这也太过分了吧？"

爸爸自然也会说些气话。可问题到底出在哪里呢？

✱ 孩子对爸爸也会认生

孩子出生后的头 8 个月最重要的育儿目标就是，和主要照护者之间建立起依恋关系。而孩子是否会认生则是评价这一发育课题的成绩单。因此如果出现孩子对爸爸认生的情况，这并不意味着问题出在孩子身上，只不过需要我们就孩子跟爸爸之间为什么没有形成良好的依恋关系一事好好思考一下。当然，妈妈和孩子之间的依恋关系是最为重要的。但到了孩子 8 个月大左右的时候，还是要尽量让他们与爸爸、爷爷、奶奶等几位每天都能见到的家人也建立起依恋关系。

如果孩子平时跟爸爸相处的时间很少，没有与爸爸形成良好的依恋关系，那么到了 8 个月大左右这个开始会认生的阶段，自然就会不喜欢爸爸，或是一看到爸爸就开始哭泣。同时，由于大部分的爸爸都比女性说话声音更大、嗓音也更粗，还喜欢用激烈的方式与孩子玩耍，因此一些敏感的孩子可能就会对爸爸产生抵触情绪。但父母没有必要对孩子的这种反应感到太过失望或沮丧。不管是出于什么原因，即使已经有些晚了，但如果爸爸跟孩子之间的连接感太弱，就必须马上开始努力。虽然总是在外面东奔西走地忙工作，但爸爸们也要积极承担起育儿的责任，让疲惫的妻子能够好好休息一下，并和孩子建立起良好的依恋关系。

✱ 把孩子的事情告诉爸爸

妈妈也需要积极引导爸爸参与到育儿过程中来。爸爸和孩子是不可能一夜之间就变得亲近起来的，所以妈妈要及时将自己知道的信息告诉爸爸，比如怎样的陪伴会让孩子感到高兴、孩子喜欢什么又不喜欢什么。这样做对全家人都有好处。

爸爸如果想要和孩子变得亲近，最好的办法就是陪孩子一起玩耍。这个时期的孩子喜欢活动身体，所以总是乐于跟爸爸一起玩耍。当爸爸和孩子玩得很开心的时候，妈妈只需要在一边看着就好，以便促进爸爸和孩子之间依恋关系的发展。

第 4 章

习 惯

孩子只要看不到
玩具熊就会哭

　　有前来咨询的妈妈说，孩子痴迷于玩具熊，不知道是不是得了什么病。孩子只有把玩具熊抱在怀里才肯睡觉，稍微拿开一会儿就会大哭大闹，而且一直攥在手里不肯放下，即使本来白色的玩偶已经变得黑乎乎的了，也坚决不让洗。这位妈妈本来认为可能万事开头难，这个情况慢慢会好起来的。但后来自己也逐渐担心起来，不得不前来医院，询问我对玩具熊这么痴迷是不是一种病。

＊孩子会创造出"只属于我的妈妈"

　　如今的父母太害怕孩子缺爱了。虽然已经倾注了自己的所有，但只要孩子的行为跟平时稍有不同，他们就会开始担心和怀疑："是不是有点不对劲？"孩子到了八九个月大的时候，会对一些温暖且手感好的东西表现出偏爱，比如衣服、被子、玩偶和妈妈的头发等。这些能够给予孩子心理安定感的东西被称为"过渡对象"（transitional object）。简而言之，这是孩子在想象中或无意中创造出的"只属于我的妈妈"。

孩子之所以会出现极度迷恋过渡对象的问题，是因为他们尚处于精神未能完全独立于母亲的状态之中，因此会执着于能够给予自己"妈妈的感觉"的东西。如果孩子想要从妈妈那里完全独立出来，就需要一些临时的东西替代妈妈的角色。这是发育过程中可能会出现的正常现象，不必太过担心。

＊不要和孩子做交易！

当孩子执着于某个东西时，不能以"把玩偶放下，我给你买好吃的"等条件来和他们进行交易。因为孩子真正需要的是妈妈的爱与关注，而不是物质上的奖励。这样做也许是个临时性的解决办法，但并不能从根本上消除孩子固有的焦虑或对妈妈的依恋。相比这种方法，还是用心关爱、照顾孩子更为明智，尽管这样做可能会耗费更多的时间。

＊孩子比平时更需要家长的拥抱和爱

大多数孩子在睡觉或突然感受到压力时，会更加抓紧过渡对象不放。比如，当孩子身处医院这种陌生又让人害怕的环境中时，就会通过抚摸喜欢的玩偶或衣服来让内心得到平静和安慰。因此，对过渡对象的迷恋程度也成了诊断孩子心理压力的标尺。如果孩子比以往更加迷恋过渡对象，就说明父母可能没有给予孩子足够的关注，孩子因此而感受到了压力。

这时要多与孩子进行身体接触，比如经常拥抱、亲吻他们，这是最好的药方。让孩子在妈妈怀里，通过温暖的体温和柔软的触感确认"真正的妈妈"的存在，他们自然就会得到安全感。

这种沉溺于过渡对象的现象最晚到孩子 4 岁左右就会自然减少。在孩子 4 岁之前，强行进行阻止并不妥当，会给他们带来巨大的压力。

✽ 疑似自闭症的依恋行为

随着时间的推移，孩子的情绪和智力发育也会不断成熟，其对特定物品的迷恋就会逐渐消失。但如果孩子对某样物品或感受表现出过分的迷恋，就说明可能存在一些问题。同时，如果孩子对自己喜欢的东西以外的其他玩具都不感兴趣，他们的认知发育就可能会受到阻碍。

尤其是当伴随着上述现象的同时，孩子的语言和行动发育也出现了迟缓，并且总是反复做同样的动作，对身边的人也完全没有兴趣的话，就有理由怀疑孩子可能患有自闭症等精神疾病了。如果经过一段时间的观察后，发现孩子的迷恋行为没有任何好转或迷恋程度变得更加严重，并出现了上述的异常症状，父母就需要向专业医生寻求帮助，进行正确的诊断了。

尿布一脱就开始抚摸
自己的生殖器

如果孩子还不怎么会说话，就做出了类似自慰的行为，妈妈们就会感到惊慌失措。有位妈妈说，在婆家给孩子换尿布的时候，一转身孩子就去摆弄他的生殖器了，弄得自己非常尴尬。但其实没有必要对孩子抚摸生殖器的行为反应过激，也不应该用大人的性观念来衡量孩子抚摸生殖器时的愉悦感受。

✳孩子也有性欲吗？

父母们可能会想：难道这么小的孩子也会有性欲吗？答案是肯定的。孩子的性欲，即"幼儿性欲"，最早是由弗洛伊德提出来的。他认为，性欲并不是在青春期这个第二性征出现的阶段首次产生的，而早早就存在于婴幼儿时期，这是完全正常的。

但孩子的性欲与成年人的性欲有着本质上的不同。成人的性欲往往伴随着性幻想，以性交为目的。而孩子的性欲单纯表现为追求快乐的感官刺激。

追求快乐一事不论男女老少，是人人都具有的本能。所以不能把孩子的这种行为视作精神问题。

✳ 最晚 6 个月大时，孩子就会伸手触摸生殖器

周岁前的孩子之所以会触摸生殖器，大部分都是因为他们在摸索自己身体的过程中偶然触碰到了生殖器或是在换尿布时生殖器受到刺激而体验到了快感。一开始孩子这样做只是出于好奇心或单纯觉得好玩，时间长了，就演变成了一种游戏。满周岁以后，孩子会喜欢上穿着尿布走路时生殖器受到刺激的感觉，也喜欢坐在学步车上反复做双腿夹紧然后伸直的动作，以此来让生殖器得到刺激。这都是他们成长过程中会出现的正常现象。

但也不能因此就放任不管，不然可能会不断出现这种令人感到尴尬的状况。遇到这种情况，父母可以通过愉快有趣的游戏来转移孩子的注意力。周岁以前的孩子只要遇到能够引起自己关注的事情，不管是之前多么着迷的游戏，也都愿意把视线从上面移开。但前提是这种着迷并非由依恋障碍等情感焦虑所引起。

✳ 孩子这样做的原因有很多种

虽然婴幼儿时期的自慰行为是发育的自然过程，但孩子的焦虑也会加剧这种行为。比如突然断奶、弟弟妹妹出生等周围情况发生变化导致孩子受到压力时，再比如因为没有朋友或玩

具而感到无聊时，又比如包括父母在内的其他人没有给予孩子足够的关心和关爱时；还可能是因为父母过于注重卫生，平时对孩子的生殖器清洗过度。这些情况都可能引起孩子做出自慰行为。

如果不弄清楚原因就不由分说地拽住孩子的手或是训斥孩子，只会导致孩子的焦虑加剧。孩子越是这样，父母就越要倾注更多的关心和爱，寻找能让孩子开心起来的妙招。如果能确保周围环境不会让孩子紧张，再给予孩子一些能够让他们感到高兴的刺激，孩子对生殖器的关注自然就会减少。

小贴士

弗洛伊德提出的性心理发展阶段

弗洛伊德将人从出生开始就具有的性本能能量定义为"力比多"（libido），并对其发展阶段做出了如下阐释。

根据他的理论，第一阶段为孩子出生后 1 年的"口唇期"，即通过嘴唇接受刺激来促进力比多的激活，像是吮吸母亲的乳汁或橡胶奶嘴等都能满足他们这个时期的性本能。弗洛伊德认为，在这些吸吮物中，孩子最喜欢的就是拇指。但如今也有许多精神分析学家已经不再把吸吮本能与孩子的性欲联系在一起了，他们普遍认为与其将这样的行为称为性本能，不如说它是一种与爱或满足感关系密切的惯性行为。

第二阶段是排泄器官比口腔更能带来快感的阶段，也就是所谓的"肛门期"。通常指从孩子开始接受排便训练到孩子 3 岁左右的阶段。这个阶段的孩子会对自己的排泄物产生兴趣，一边摸它们一边玩耍。他们还会将粪便视作自己身体的一部分，不愿失去它。

第三阶段则是"性器期"，4—6 岁的幼儿大致就处于这个阶段。这个年龄段的孩子非常关心生殖器，还会不分场合地摆弄它，这种行为难免会让父母大惊失色。而且不光是对自己，他们还会对异性朋友、爸爸妈妈的性器官感兴趣。

　　第四阶段为"潜伏期"，指的是孩子到了快上学的年纪，对外面的世界产生了兴趣，而性欲就会潜伏起来。

　　第五阶段的"生殖期"则是另一个"性器期"，主要指孩子进入青春期，了解到了男女之间的差异后，会对异性产生好感的"性与爱"的阶段。

孩子一生气就会乱扔东西，还会用头撞地

我家庆模1周岁左右的时候，有一次他找我要饼干，我没有整袋给他，而是拿了一些装在碗里，结果他就把碗打翻了，还往里面吐口水，闹得鸡犬不宁，发泄了大概5分钟后才平静下来。孩子之所以会这样胡搅蛮缠，是因为感受到了并开始学起了"生气"这种情绪。但这个阶段的孩子在生气时并不知道应该如何处理，因为他们还不具备控制情绪的能力。

＊孩子2周岁之前的过激行为都不是有意的

一些家长在遇到未满周岁的孩子闹脾气、扔东西、用头撞地等情况时，会忧心忡忡地前来医院咨询，认为孩子在"自残"。但这些行为并不属于自残，而是孩子尚不具备自我调节负面情绪的能力导致的。这个时候父母如果强行教育孩子的话，孩子的行为就有可能发展成"自虐"。

孩子满周岁之前的任务是，学习生理方面的自我调节，其中包括控制负面情绪。如果孩子表现出了前所未有的厌恶情

绪，父母就可以将其理解为"现在孩子已经到了需要学习控制情绪的时候了"。

就像总有一天孩子要断奶一样，从情绪发育的层面来看，孩子现在已经到了开始表达反感和负面情绪的时候，这是一个非常自然的发育过程。虽然不同的孩子之间可能存在一定的差异，但在 2 岁之前，孩子控制冲动的能力并不会完全得到发展，这是每个孩子都一定会经历的适应和学习的阶段。

因此，父母应该将孩子在 2 周岁之前做出的过激行为理解为对愤怒等情绪的真实表达。

✳ 如果想要纠正孩子的过激行为

如果孩子因为控制不住生气的情绪而做出了过激的行为，妈妈应该怎么办呢？首先自己要平复一下心情。当然，看到孩子生气，妈妈不能视而不见、照单全收，但如果妈妈跟着一起激动或是发脾气，孩子就会受到更大的刺激，更加难以冷静下来。如果孩子表现出了愤怒的情绪，妈妈可以心平气和地看着孩子，耐心等着他们平复。请稍微离孩子远一些，然后注视着他们，直到他们自己停止哭闹为止。学会自己平息怒火是这个阶段的孩子的一项非常重要的任务。

当孩子的怒火消退之后，妈妈可以和孩子一起整理变得一团糟的现场和打碎的东西，让孩子对自己的行为负责。通过这个过程，孩子可以摆脱发脾气带来的内疚感，或因自己的行为而失去母爱的不安感，减少他们形成负面的自我形象的可能性。

*孩子都能用头把地板撞出洞了

2周岁以前的孩子经常会用头去撞墙或地板，这种行为通常在孩子2周岁之后就会自动消失。幸运的是，就算孩子用头撞墙顶地，也不太可能对他们的大脑造成损伤。但父母最好能在孩子经常撞的地板或墙上提前安装一些垫子或海绵等，以防万一。此外，父母还可以准备一些有趣的游戏或玩具等，以便当场将孩子的注意力转移到其他事物上。

*孩子听不懂也要好好讲清楚

即使孩子听不明白，也要让他们了解这种行为是不对的。周岁前后的孩子虽然没法完全听明白妈妈说的话，但也会通过妈妈的表情或肢体动作等来感知什么事情能做、什么事情不能做。如果妈妈再用言语进行充分说明，光是这样的气氛，就足以让孩子知道自己做错了事。

讲清楚问题的严重性之后，请一定要给予孩子温暖的拥抱。虽然自己犯了错，但妈妈对这一行为表示理解，并且一如既往地爱自己，让孩子感受到这一点非常关键。

在整个过程中最重要的就是，妈妈要始终保持平静，如果中途突然发脾气或是因为觉得累了就干脆作罢，就很难培养起孩子控制冲动的能力。这种能力不是一朝一夕就能够培养出来的，需要几个月甚至1年多的时间。妈妈要充分认识到这一点，给予孩子温暖的照顾，耐心培养他们调节负面情绪的能力。

孩子吮吸手指
也不必太过担心

有父母表示，孩子 3 个月大的时候就开始吮吸手指了，到了快满周岁的时候还停不下来，询问我这是不是缺爱的表现。还补充说，一开始孩子只是在饿了或是打瞌睡的时候才会做出这样的动作，但现在好像几乎一整天都会咬着大拇指不放。每次孩子把手往嘴里放的时候，都想强行给他拉开，但又感觉孩子会因此而感到有压力。孩子吮吸手指，父母应该放任不管吗？

✻ 如果孩子还不满 6 个月大

6 个月大左右的孩子最常见的行为就是吮吸手指。从更早的时候一直到这个阶段，孩子把手放进嘴里都是十分正常的事情。这个阶段的孩子不管拿到什么都想用嘴咬住，或是进行吮吸，手指也不例外。

通常随着时间的推移，孩子会自动停止这个行为，很多父母甚至可能从头到尾都没有把这件事放在心上。能给孩子带来快乐的事情，比吮吸手指多得多。因此，如果孩子还不满 6 个月的话，就算整天吮吸手指，父母也不必太当回事。

* 或许孩子只是在缓解无聊的情绪

如果孩子过了 6 个月大，还在不停地吮吸手指，也有可能是为了缓解无聊的情绪而做出的习惯性动作。遇到这种情况，爸爸妈妈就要反省自己平时有没有好好陪孩子玩耍，看看孩子身边的环境是不是太单调。主流观点认为，只要不是分离焦虑带来的问题，吮吸手指或橡胶奶嘴都不是多么严重的心理障碍。如果跟妈妈关系融洽，那么孩子在睡觉之前、无聊或感到饥饿的时候，吸吸手指是完全可以接受的。

* 没有什么特别的秘诀

并没有什么特别的方法可以立即阻止孩子吮吸手指，其实养育孩子的每一个环节都是如此。如果情况并不严重，父母完全可以把心态放平，给孩子一个温暖的成长环境并持续向他表达爱意。如果随意训斥尚听不懂话的孩子，或是强行阻止他们吮吸手指，就会给孩子带来压力，助长孩子叛逆心理的发展，其结果就是，孩子的吮吸行为会表现得更加严重。用玩偶、孩子喜欢的玩具或是能让他们感到兴奋的游戏来将孩子的注意力从吮吸行为上转移到别处，或许是个不错的选择。

这些方法就别用了

有些父母想方设法地不让孩子吮吸手指，比如给他们的手指涂上苦涩的药物、芥末或是用黑色记号笔将手指涂黑，也有家长会干脆给孩子的手指贴上创可贴或用绷带缠上。但这些方法全都效果不佳，反而会给孩子带来挫败感。

还有一些妈妈只要看到孩子把手往嘴里放，就会吓唬他们。但这就跟不允许孩子吃好吃的东西一样，对孩子来说是难以忍受的，绝对不应该这样强迫孩子。

第 5 章

性格 & 气质

孩子的气质虽是天生的，
但也不要照单全收

每个孩子都具有自己独特的气质。气质就是人与生俱来的个性特点。在孩子的成长过程中，气质会随着其与妈妈、身边的人以及同龄人之间的关系状态而不断发展变化，因此有时气质带来的问题也会不断加深。对父母而言，最有必要了解的知识莫过于如何塑造孩子的气质，从而让孩子避免因为气质问题在情绪发育方面遇到阻碍。

＊每个孩子都有自己的气质

有的孩子生性乖巧安静，有的孩子却一刻也不能安宁，四处玩耍闹腾；有的孩子极为敏感易怒，有的孩子却事事乐观，笑口常开；有的孩子能良好地适应新环境，有的孩子却害怕面对陌生事物。

每个孩子都会表现出自己独有的行为特征，我们将孩子身上这种与生俱来的特质称为"气质"（temperament）。

* 妈妈和孩子要气质相投

气质本身并不会给养育孩子带来麻烦。不过，当孩子的气质与妈妈的育儿观念及性格发生冲突时，便可能产生问题。

例如，一位妈妈极度爱干净，无法忍受家中有哪怕一粒小小的灰尘，但她的孩子却偏偏性格散漫、爱把东西弄得乱七八糟，那么这位妈妈必然会干涉孩子的行为，凡事都要训斥责备一番。孩子处在这样的环境下，就会觉得妈妈并不疼爱自己，因此会感到绝望和愤怒，进而做出更加散漫的行为。这就意味着，孩子的气质会表现出消极的一面。因此，如果想要以符合孩子气质的方式好好养育他们，妈妈不光要了解孩子的气质，还要正确地把握自身的性格特点和育儿方式。为人父母者，一定要客观地评价自己，这样孩子气质中的优缺点才能够得到正确的引导。

* 对气质的误解

我常说，要尊重孩子的气质。有的父母将其解读为，孩子的气质是与生俱来的，所以应该顺其自然。我也曾说过，要毫无保留地对处在婴幼儿阶段的孩子倾注关爱。于是前来向我求助的一些妈妈便认为，这是让她们对孩子气质方面的问题视而不见、照单全收。

我所说的"要尊重孩子的气质"和"要毫无保留地倾注关爱"，本意是让妈妈根据孩子的气质特征，在养育孩子这件事上以合适的方式尽心尽力。这就意味着，要避免让孩子气质上的缺陷给其带来消极影响。

此话一出，一些父母便又开始急着去矫正孩子的气质缺陷了。比如，为了改变孩子畏首畏尾的性格，就强迫他们在众人面前表现自我，可这样反而可能会让孩子变得更加胆小怯懦。如果孩子天性如此，妥善的做法是，先对孩子的气质予以认可，并保护其不受陌生人与嘈杂环境的影响。在这个过程中，妈妈还需要给予孩子充分的母爱，帮助他们找到自信和活力。

* 孩子的气质不同，妈妈的育儿方式也应有所不同

听话的孩子（容易型）

听话的孩子在婴幼儿时期就拥有良好的生活作息。吃饭睡觉都不让人操心，常常流露出幸福愉悦的表情，在面对陌生的环境、人和食物时也能很好地适应。很多孩子都属于这一类型，养育起来也比较容易。但正因如此，父母往往容易疏忽对这类孩子的关注。听话的孩子在遇到糟糕的环境、受到压力时，也可能做出一些有问题的行为，因此父母需要经常抽出时间与孩子培养亲密感，并不断地对他们表达自己的关心和爱意。

不听话的孩子（困难型）

不听话的孩子在婴幼儿时期的生活作息并不规律。他们不会轻易满足，也时常哭闹耍脾气，以此来表达自己的负面情绪。也因为对于环境变化较为敏感，他们往往更难适应新的环境，喜恶分明，常让父母觉得"很难带，不好养"。如果父母强行让不听话的孩子服从自己的意愿，亲子之间的关系就可能

产生问题，严重时甚至会导致孩子出现精神障碍，因此父母务必要留心。如果孩子生来"不听话"，父母就需要表现出极大的耐心，寻找适当的育儿方式，正确地引导孩子，这是十分重要的一环。

晚熟的孩子（迟缓型）

晚熟的孩子生活作息十分规律，情绪表达也以积极正面的为主，但他们往往需要更多的时间去适应新环境。这类孩子通常具有如下特征：尽管具有温顺的一面，但面对新环境也会感到害怕，适应周期较长，对事物的熟悉过程较为缓慢。因此父母在养育这一类型的孩子时也会遇到困难。尤其是一些父母本身性格急躁，在教孩子认识新事物时总觉得他们跟不上自己的节奏，不断地催促孩子，孩子便会进行反抗，对学习产生排斥，从而陷入恶性循环。因此，父母一定要真正了解孩子的气质，耐心地等待他们。

孩子敏感不听话，
我简直要疯了

有一些妈妈觉得孩子特别敏感，不听话，养起来十分吃力。不管是换尿布还是喂奶，孩子都哭个不停；每次睡醒之后也必须大哭一场。妈妈们也不明白，为何孩子无时无刻不在哭闹。心里想着忍忍吧，但由于实在太累，总会不知不觉地抬起手来，控制不住地想打孩子，并且非常担心这样下去自己可能会变得讨厌孩子。

* 每 10 个孩子就有 1 个天生不听话

谁都希望自己的孩子乖巧听话。但实际上，每 10 个孩子就有 1 个天生不听话。他们往往很难哄，睡眠也浅，在新生儿阶段就让妈妈头痛不已。稍微长大一些之后，又会出现相对严重的分离焦虑和认生问题，总是抗拒离开妈妈。并且十分挑食，在各方面都不好伺候。这样看来，相比听话的孩子，不听话的孩子会让妈妈承受更加巨大的压力。

最大的问题是，孩子越是不听话，妈妈就越是难以与他们建立起亲密关系。但如果妈妈能够考虑到孩子的气质因素，无微不至地关心孩子，那么孩子在成长过程中也会形成稳定的性格。

* 父母需要放平心态

不管孩子的不听话让自己多么的疲惫，也不能归咎于他们。毕竟孩子自己也不愿意带着这样的气质出生。天性如此，最疲惫的人其实是孩子自己。哪怕一点点刺激，他们也能有所感知，吃不好饭，也睡不好觉。因此父母应该好好保护孩子、全心爱他们。如果父母对孩子表现出愤怒和责备，自然会给孩子的内心造成伤害。

在这个过程中，最重要的便是，父母要懂得放平心态，稳住情绪。因为孩子会学习父母的言行，那些生气愤怒的样子，对孩子本就暴躁的气质而言无异于火上浇油。反过来，如果父母表现得从容镇定，孩子也会学着尝试克服自身气质中的焦虑，逐渐形成稳定的性格。因此，父母务必要认可并接纳孩子的气质，不要一味地纠正孩子不听话且敏感的行为反应。

* 耐心地等待孩子适应环境

父母如果希望孩子不要因敏感而表现出极端的行为，那么就不应该用孩子不熟悉的方式去刺激他们。即便是敏感的孩子，随着时间的流逝、大脑的不断发育、认知能力的进一步提高，他们也会开始主动去寻找适应这个世界的方法。在这之前，父母一定要好好保护孩子，耐心地等待他们的成长发育。也就是说，父母就算要追求变化，也要在时间上给予孩子足够的余裕，让他们慢慢适应。性格急躁的父母可能会在这方面觉得有些吃力，但必须要记住，养一个不听话的孩子，没有比等待更好的办法了。

另外，这一类型的孩子在遇到陌生人时常会号啕大哭，让父母感到不知所措。请不要因此而训斥孩子，而是要暂时将孩子抱到一旁，与陌生人分隔开来，直到他们重新安定下来为止。

孩子特别调皮
怎么办?

　　有些孩子会做出极端激烈的行为,这让父母感到很不解:"别人家孩子个个善良安分,像个小天使,怎么我家孩子偏偏是这个样子?"然而,这多半是因为这些父母只看到了别人家孩子身上的长处和自己孩子身上的短处,对孩子的期望太高、太贪心。这样的父母会将一切错误归咎于孩子,殊不知孩子的行为模式,有一部分也是父母的育儿方式造成的。

＊放任不行,压迫也不行

　　行为过激又倔强的孩子尤其需要父母的好好调教。仔细观察那些大吵大闹、上蹿下跳、乱扔东西的孩子,便会发现在他们的这些行为背后藏着巨大的焦虑和不安。站在孩子的立场上来说,他们正是因为受到了刺激,感受到了压迫,才会上蹿下跳、大声吵闹。冲动得不到控制,孩子自然就会不安。

　　孩子的过激行为是在先天气质和外部刺激的共同作用下出现的。细心观察便会发现,许多父母的所作所为其实也助长了孩子的这种行为。比如，有的父母认为"反正孩子天性如此，没办法"，于是要么对孩子放任不管，要么对孩子施以高压。而这样做便可能导致孩子失去自行控制冲动的机会。

✱ 务必保护好孩子，让他们免受刺激

首先，父母需要主动帮助孩子，让他们在面对刺激时，不至于做出过激的反应。方法很简单：将能够刺激孩子的外部因素最小化。把那些能激发孩子好奇心的物品或新玩具放到孩子看不到的地方，尽量避免带孩子去大型餐厅或商场等人多杂乱之处。如果迫不得已要带孩子去这些地方，有一个补救办法，那就是尽量让爸爸或比较严厉的大人陪同前往，这样孩子才会乖乖听话。

养孩子不能光靠一颗拳拳父母心，还需要不断地动脑思考，否则就会陷入忙得不可开交、一团混乱的局面。父母要聪明一点，仔细观察孩子平时在什么样的情况下会变得兴奋或做出过激的行为，并认真思考，准备对策。如果不这样努力，只知道一味地指责孩子、压制孩子，亲子关系就会因此而不断恶化下去。

不好好给孩子换尿布，
会让孩子的性格变得更糟吗？

特别爱干净、性格敏感的妈妈，会在孩子每次小便完之后迫不及待地给孩子换上新的尿布。而性格相对随意洒脱的爸爸则表示，等孩子尿上几次，尿布湿透了再给孩子换就好了。

两人各执一词，都认为自己的方法对孩子更有好处。爱干净的妈妈觉得如果不经常给孩子换尿布，孩子就会感到不适，性格也会因此而变得糟糕；而不拘小节的爸爸则认为，过于频繁地更换尿布会让孩了觉得烦躁，或是因此产生洁癖。

究竟谁说得对呢？

* 孩子大小便后就立即换尿布吧

原则上来说，在孩子大小便后立即换尿布是比较好的。但如果孩子并没有大小便，大人却还是依据一定的时间间隔给孩子换尿布，这就不太可取了。事实上，这不仅会让爸爸妈妈觉得辛苦，对孩子而言也是比较麻烦的，换尿布频率过高可能会给孩子带来压力。

也有一些人觉得，一次性尿布吸收力强，让孩子尿过几次之后再换也无妨。这种做法自然是不对的。湿尿布会让孩子感到不舒服，持续的不适感绝不会给孩子带来什么好处。

* 妈妈的情绪会直接传递给孩子

如果妈妈因为感到疲惫就胡乱给孩子换尿布，或换尿布时没有把孩子屁股周围擦干净，孩子就会产生某种生理上的不适，这对孩子的情绪发育极为不利。即使还不会说话，孩子也能感受到妈妈的情绪状态，以及妈妈是如何对待自己的。因此不管多累，面对孩子时都应该全心全意。如果感到吃力，比较理想的做法是，果断向家人寻求帮助。影响孩子性格形成的不是换尿布的次数，而是妈妈给孩子换尿布时的心情。

生病后性格
也变得敏感了

为了照顾体弱多病或患有慢性疾病的孩子，父母首先需要具备坚强的心理。孩子一旦生病就会表现得烦躁、敏感，而必须要照顾他们的父母也会随之感到吃力。但一定不能轻易嚷嚷辛苦，或是流露出疲惫的神色。只有坚强的父母才能为孩子找到合适的治疗方式，才能让一个容易烦躁焦虑的孩子成长为阳光积极的人。

＊身体患病，情绪上的问题也会随之而来

在美国所有的儿童中，患有慢性疾病的占10%。我认为韩国应该也达到了与之相近的比率，只不过没有表现出来而已。

孩子身体患病，性格就会变得敏感，同时也可能会出现情绪障碍。气质对于孩子性格的养成固然重要，但一些后天因素，例如成长环境和父母的养育态度等带来的影响也不可小觑。孩子若是生病，父母的过度保护、病痛本身以及与同龄人成长环境不同等，都可能对孩子的性格产生影响，让原本气质

温顺的孩子变得敏感、不听话，严重时还可能会出现焦虑障碍等精神问题。

如果孩子在出生后不久就接受过大型手术，或是从小就患有哮喘或特应症等慢性过敏性疾病，再或是因为体弱多病而导致难以正常发育，便可能会出现情绪方面的问题，一些父母会因此来小儿精神科寻求帮助。这就是说，在孩子生病时，父母不能只看到孩子身体方面的问题，还应该关注孩子的情绪发育问题。

如果家里还有兄弟姐妹，那么一个孩子生病还可能会引起其他孩子的情绪障碍。父母会将大量的关心和爱倾注到生病的孩子身上，对其他子女的照顾自然就会减少。于是，其他孩子就会因为生病的孩子而遭到忽略，例如得不到妈妈足够的关爱。长此以往，性格便可能存在缺陷。

* 如何让患病的孩子阳光成长？

孩子一旦患病，妈妈的脸上很容易出现疲惫辛苦的神情。有时在照看生病孩子的同时，妈妈还需要顾好其他孩子，自然是十分辛苦。时间长了，妈妈的精神健康状态也会变差，这就会给孩子带来不好的影响。看看那些因为体弱多病或是患有慢性疾病而出现情绪问题的孩子就会知道，多半是妈妈在负责照顾他们。如果父母双方一起照顾生病的孩子，至少他们不会因为情绪方面的问题去医院。如果父母能够齐心协力地照顾孩子，即使是因身体患病而极有可能变得敏感的孩子，也完全可以阳光健康地成长起来。

妈妈需要主动向身边的人寻求帮助。以爸爸为首的身边人的帮助对妈妈来说是不可或缺的，这对家里其他孩子的成长也至关重要。比较理想的情况是，在需要带生病的孩子去医院时，其他孩子也能够有地方可去，不至于孤零零地被留在家里。同时在妈妈内心感到痛苦时，家人们也要多多给予她安慰。

✱ 妈妈的好心态最重要

对照顾患病孩子的妈妈而言，保持自身健康是最重要的，这其中自然也包括精神健康。否则不光是生病的孩子，整个家庭都会陷入不幸。如果妈妈感觉自己快要陷入抑郁了，就应该把孩子暂时托付给身边的人，自己出去散散心。此外，整个家庭都应该为减轻妈妈的压力一起努力。

听说连未满周岁的孩子
都会感受到压力

一位妈妈告诉我，有一天她听见上小学的大儿子对还在上幼儿园的弟弟说"小时候真好"，让她笑了好半天。可能在作为成年人的妈妈看来，不管是小学生还是幼儿园小朋友，都不会遇到什么真正痛苦的事，但其实孩子们也都有各自的烦恼。这个年龄段的孩子表面上看着十分幸福，却也会因为压力而感到痛苦。那么，他们究竟会因为什么问题而感到有压力呢？

∗ 对于未满周岁的孩子来说，依恋关系的建立尤为重要

处在这个年龄段的孩子，就算受到了压力，也并不具备判断压力从何而来的能力，因此压力对他们造成的负面影响就会更大。尤其是快满 12 个月的时候，孩子身上迅速地发生着情绪的分化，因此在这一时期，妈妈和孩子之间维持愉快的关系显得尤为重要。

这也是孩子的身体飞速发育的阶段，父母需要关注他们的

肢体动作和行为表现。孩子们动来动去地玩耍，不仅有助于促进他们身体的发育，也能促进他们与妈妈之间的情感交流。但这需要父母观察这个阶段的孩子是否愿意接受身体上的刺激，并帮助他们进行调节。此时孩子还不会说话，必须要仔细观察他们发出的一切信号和表现出的各种行为，例如眼神、手脚动作等，并积极地配合孩子，这也是十分重要的。

* 未满周岁的孩子会因为什么而感受到压力?

父母不擅长育儿

很多新手父母在带孩子时，总是不知道孩子为何哭闹，常因此而感到不知所措，导致孩子的需求也无法得到满足。事实上，孩子能够感受到妈妈心情的焦虑和动作的生疏，并因此而感受到压力。

如果孩子通过哭泣发出信号，父母需要去寻找原因。是尿布湿了，还是肚子饿了，又或是哪里不舒服了？大部分时候都属于这三种情况，所以父母也不必慌张，心平气和地观察即可。解决了孩子的需求后，父母就要去回应孩子的微笑或嘴里的咿咿呀呀，向他们传递爱意。

肚子饿 & 强行喂食

站在孩子的立场上来看，肚子饿就意味着生存受到了威胁，自然会因此而感到巨大的压力。如果不能喝饱奶，孩子的需求就得不到满足。如果强行喂孩子吃辅食，或是孩子肚子饱了还硬是要求他们再吃一些的话，也会导致压力的产生。

请务必让孩子适时、适量地进食。每个孩子的食量不同，父母需要清楚地把握自己孩子的食量，并学会调节。

睡不好觉

未满周岁的孩子，每天有一半以上的时间都是在睡眠中度过的。对他们而言，睡眠之所以重要，是因为在睡觉的时候，头脑和身体肌肉会得到恢复，记忆力也会增强。睡眠还能起到促进生长、消除负面情绪的作用。因此，父母需要注意让孩子在他们自己喜欢的时间，睡够想睡的时长。如果父母按照自己的生活节奏强行调整孩子的睡眠模式，孩子就会感受到压力。尽可能地去迎合孩子的睡眠节奏吧。如果孩子夜里难以入睡，父母也不必强行让他们进入睡眠，而是应该轮流照顾他们。孩子要等到 12 个月大之后才会像大人一样把觉都留到晚上去睡，请父母们务必记住这一点。

和依恋对象频繁分离

从出生后 6 个月起，孩子就会和平时主要照顾自己的人建立起依恋关系，并且抗拒和依恋对象分开。如果分离时间太久，孩子甚至会认为依恋对象抛弃了自己，此时他们体验到的感受就会给他们带来巨大的压力。

因此，就算此时孩子还听不懂话，妈妈也需要清楚地告诉他们自己为什么要离开、要去哪里；分开之前也要好好抱抱孩子，让孩子感到安全。同时，不管平时主要是谁在带孩子，都应该注意，尽量不要太过频繁地更换带孩子的人和孩子所处的环境。如果需要请育儿保姆，也要注意时间上的规律性，尤其是不要强行让 18 个月大之前的孩子与照顾自己的人分离。

第 6 章

养育态度 & 环境

眼里只有孩子，
妈妈就会陷入抑郁

在分娩后的几个月里，很多妈妈都会出现产后抑郁的症状。对于女人来说，从怀孕到分娩再到育儿的一整个过程，也许都具有十分重大的意义和价值。但相应地，这个过程给她们的精神和肉体带来的压力也不容小觑。如果没有家人的支持，她们便极有可能陷入重度抑郁。而一旦妈妈出了问题，孩子大概率也就无法阳光健康地成长了。

* 人人都可能会经历的产后抑郁症

很多产妇在孩子出生后的 3—5 天里会出现抑郁、紧张、无缘无故想哭的症状，这被我们称为"产后抑郁"。这种抑郁的情绪之所以会出现，是因为在生完孩子之后，产妇体内的各种激素值会发生急剧变化。产后抑郁对妈妈们的影响因人而异，在有的人身上可能很快就会过去，而在有的人身上则会持续 1 个月以上。50%—70% 的产妇都会经历产后抑郁，而其中10%—15% 的产妇会有数周时间感到乏力、抑郁，无法控制情绪等，此时就需要注意她们是否患上了产后抑郁症。

患上产后抑郁症之后，人会觉得浑身无力，每件事都让自己感到焦躁，还会食欲减退，无法安睡。一些人也会表现出身体方面的症状，比如消化不良、闷热难受、手脚麻木等，严重时甚至一瞧到自己的孩子就会觉得无比厌烦。尽管在怀胎十月的过程中已经做足了准备，但在真正见到孩子的那一瞬间，妈妈们便可能会失去作为母亲的信心，并开始厌恶孩子和丈夫，甚至产生自杀的冲动。尤其是那些在怀孕期间就出现了严重的抑郁和焦虑症状的产妇，患上产后抑郁症的可能性相当高。

* 必须要摆脱罪恶感才行

如果分娩后事情不按自己此前预期的那般发展，妈妈们就容易患上产后抑郁症。但我们可以试想一下，人生怎么可能永远万事顺意呢？我想，事事不如愿才是真正的人生吧。分娩和育儿也是同样的道理。决心顺产并做足了准备，就一定能够如我所愿吗？有危险时还是必须选择剖宫产吧。发誓一定要给孩子喂母乳，这个过程就会如我想象般顺利吗？因为初期没能做好准备或是体力不支而导致母乳喂养失败的案例数不胜数。谁都希望生个健康听话的孩子，但孩子可能就是体重不足，或患有某种先天性疾病，又或是气质敏感不好养。

育儿之路必定充满了苦难与逆境。而想要逆势而行，对育儿一事抱有完美期许的妈妈们就会逼紧自己，并对无力的自己感到绝望，因而陷入抑郁。

妈妈们首先需要做的就是减少担心。"没把孩子养好可怎么办?",将这个想法彻底甩开吧。育儿是不可能做到万无一失的,也没有必要打造一个完美的妈妈形象给自己徒增焦虑和绝望。

同时,还需要进一步维系自己和丈夫的关系。与丈夫之间矛盾重重,自然就会产生抑郁、愤怒、烦躁等情绪。如果夫妻关系不和谐,那么育儿这件事就是雪上加霜,如何能够从中体会到愉快和价值感呢?如果丈夫不肯参与育儿的过程,或是不能理解支持辛苦养育孩子的妻子,妈妈自然就会承受更大的压力。

对于容易陷入抑郁的妈妈来说,她们所需要的关心和照顾不比刚刚出生的孩子少,而丈夫和家人的帮助和支持就是她们唯一所需要的。

* 欣然接受作为妈妈的生活吧

许多妈妈在生完孩子后会陷入茫然,这种情绪的背后其实是一种绝望,觉得自己从此以后就会没了自我,只是ⅩⅩ的妈妈。生完孩子后,可能需要辞掉工作专心育儿。就算继续工作可能也难以集中精力,心思都在孩子身上。妈妈们会因此而感到困惑——"我究竟是谁?我自己的人生和梦想去了哪?",内心一片空虚,仿佛回到了青春期,那个对于自我身份的建立充满疑惑的时期。

此时,如果找寻不到育儿的价值和意义,便会觉得孩子似乎就是自己人生的全部。一旦陷入这种空虚的境地,育儿就会成为一件只会让自己感到痛苦和疲惫的事。然而事实上,就像孩子需要慢慢适应这个世界一样，妈妈同样也需要时间去适应自己新的身份和生活。虽然当下可能觉得辛苦万分，但请一定要相信，在养育孩子的这个过程中，自己的人生也会变得丰富多彩，进一步获得成长。怀抱着这样的想法，妈妈和孩子才能都变得幸福。

✳ 妈妈抑郁，孩子也要跟着受罪

妈妈如果患上了产后抑郁症，就不能想着什么事都要亲力亲为，什么事都要做到十全十美。这时最重要的是，让家人了解自己目前的状态，并积极寻求帮助。如果不肯表达辛苦的感受，希望完全依靠自己来解决问题，情况就会进一步恶化。

家人们看到情绪起伏不定、时常泪流满面的产妇，可能也会感到担心和烦躁，但必须要认识到的是，这是产后恢复阶段的一个正常过程，并积极向她提供帮助。在患上产后抑郁症的妈妈中有 10% 的人会表现出严重的精神障碍，这可能是因为她们家人没有给她们提供足够的理解和帮助。

产后抑郁症最大的受害者其实是孩子。出生后的第一年对于孩子来说是至关重要的阶段。如果这期间妈妈患上了抑郁症，就可能难以掌握孩子的各种反应，和孩子的依恋关系的建立也会出现问题，而依恋关系会极大地影响孩子的成长。如果这种情况一直持续，孩子就会陷入不稳定的依恋关系中，也就是我们俗称的"缺爱"。这会给孩子情绪的发育和社交能力的培养带来不良影响。

如果妈妈的产后抑郁症比较严重，请务必向精神科的专业医生求助。抱着侥幸心理，觉得症状会随着时间的流逝有所好转，因此置之不理的话，妈妈就一定无法照看好孩子，这对于母子双方来说都是有百害而无一利的。

无奈之下，
不得不将孩子托管出去

很多妈妈在分娩 1 年后需要重返职场，于是会将尚未断奶的孩子交给保育机构照顾，甚至还有很多父母会将出生不到 6 个月的孩子托付出去。

在这个阶段，父母对于更换孩子的主要照护者一事需要格外谨慎，因为此时孩子刚刚开始和母亲建立起依恋关系，如果环境突然发生改变，孩子就可能会感受到巨大的压力。

﹡当需要将孩子送去保育机构时

首先需要仔细挑选保育机构，着重了解一些问题，例如其使用的设施是否得到了正式批准，每位保育员分别带几个孩子，保育机构与家或公司之间的距离是否可以确保在孩子生病时自己能够尽快赶到，等等。

挑选完成后，在正式将孩子托管出去的前几周时间里，妈妈需要每天陪同孩子一起前往，在那里跟他们一起度过几个小时，以便帮助孩子适应那里的环境。否则孩子就可能因此而感受到压力。

　　这个阶段和妈妈之间形成的依恋关系会影响孩子的一生。良好稳定的依恋关系会让孩子顺利度过人生初始的几年，而此时主要照护者的更换便可能破坏依恋关系的建立和发展，让孩子产生诸多负面情绪。

小贴士

托管未满周岁的孩子

未满 6 个月大的孩子

　　这个阶段妈妈需要和即将代替自己的照护者建立起深厚的感情。不要轻视代理照护者，要将其打造成一个孩子能与其建立起依恋关系的角色。如果孩子成功地与代理照护者建立起了依恋关系，一切就会比较顺利。

6—12 个月大的孩子

　　出生 6 个月以后，孩子就会和父母等自己经常见到的亲人建立起依恋关系，因此这一时期尽可能不要更换主要照护者。要尽量避免将孩子寄养到婆家或娘家照看，而自己只是周末或隔几个星期才去接一次孩子。未满 18 个月大的孩子每天至少需要 1 个小时的时间来和妈妈培养亲密感，否则其今后的情绪发育就会出现异常。因此当迫不得已必须得让代理照护者照看孩子时，父母也要努力做到每天抽出一定的时间和孩子一起度过。

　　只有这样，孩子才不会因为对世界的感受是消极或焦虑不安的而时常哭闹，才不会在长大后变得畏首畏尾或具有攻击性。因此，如果孩子无法良好地适应保育机构，父母应当考虑是否需要推迟将孩子送去那里的时间。

第 7 章

成长 & 发育

我家孩子是否
有在顺利成长?

曾有一位妈妈前来求助。孩子被诊断为发育障碍,她似乎有些无法接受,质问我到底什么才叫发育。在她看来,孩子可能只是有些晚熟,但身高体重都算正常,怎么就被贴上了这个标签?她因此受到了极大的刺激。看到这一幕的我也因此感到,有必要让父母们了解一下发育方面的知识了。

* 所谓的成长

孩子快速成长,意味着他们在出生后良好地适应了自己所处的环境。此时所谓的成长,同时意味着身体的持续生长与精神的不断成熟。偶尔也会有人问"成长"和"发育"的区别,其实从广义上来看,二者的区别不大。但严格来说,"成长"主要指身高体重的增长,而"发育"则多与人的能力、技能等相关。

我们需要注意的是,成长正常不意味着发育也正常,同样,在成长方面存在问题并不一定代表在发育方面也存在障碍。

＊孩子未满周岁时的快速成长发育

人的认知能力会在学龄期得到高速发展，情绪的快速发育则发生在青少年阶段，而大脑神经网络的快速形成则主要在婴幼儿时期。基本的大脑神经网络对我们的生活起着不可或缺的作用，因而它的形成时期也至关重要。

所谓的婴幼儿发育障碍，就是指大脑神经网络的形成出现了问题。此时，大脑的损伤可能会造成多方面的障碍，并带来伴随一生的后遗症。但由于这一阶段大脑神经网络尚未完全形成，如果通过适当的刺激进行治疗的话，在某种程度上能够使其功能得以恢复。最重要的就是，要及时察觉到婴幼儿时期孩子出现的发育障碍，并尽早接受治疗。

从这个意义上来看，盲目认为发育迟缓的孩子其实不存在什么问题，等到3周岁之后自然就会有所好转，实际上是非常不负责任的。发育主要涉及语言、认知、运动、社交能力、情绪等五个方面，其中掌管语言、情绪与社交能力的大脑神经网络发育会在3周岁以前基本完成。因此，如果怀疑孩子在这些方面出现了发育迟缓或异常，即使孩子才刚满周岁，也应尽快带孩子去小儿精神科向专家寻求帮助，接受诊断及必要的治疗，这样的做法才是明智科学的。

是真的发育迟缓，
还是我操之过急？

"我家孩子发育有些迟缓了吧？"

一些妈妈会茫然地提出这样的疑问。但这个问题并不能轻易得出结论。事实上，"发育得快""发育得慢"等说法对解释一个孩子的发育状况来说是十分模糊的。

✱ 需要把握发育的重要指标

要想真正地理解发育，就必须先对语言、认知、运动、社交能力、情绪等各个领域进行划分。此时我们需要注意的一个事实是，在不同的阶段，有些指标是可以用于衡量发育状况的重要指标，有些则并不是。

比如，在衡量精神发育状况时，"是否话多"并不是太过关键的指标，但"对于语言的理解能力"则十分重要。再比如，对于运动能力的发展状况而言，孩子学会抬头和独立行走极为重要，但翻身和爬行能力则算不上决定性的指标。

＊ 想要帮助孩子发育，就要适当地给予刺激

孩子出生时，大脑就已经具备基本的神经网络了。人们常说的天赋，就可以被认为是孩子天生在某一领域的基础神经网络十分强大；而如果孩子患有脑性麻痹，在运动发育上出现了问题，则可以理解为这个孩子在运动领域的基础神经网络不成熟。至于基础神经网络究竟能对孩子的未来产生多大程度的影响，学者间的意见并不统一。但可以确定的是，神经这个东西是用进废退的。因此人们总说："手越用越灵活，脑越用越发达。"尤其是在孩子满3周岁前，其神经网络的构造与功能会发生诸多变化。

＊ 运动发育与情绪发育是同时进行的

如果运动发育迟缓，情绪发育也会慢下脚步。同样，如果情绪发育迟缓的话，运动发育也会受到阻碍。因此，我们不能将运动发育与情绪发育割裂开来。3岁以前的孩子，大脑神经网络极为活跃，一旦某个方面的发育出现了问题，其他方面的发育也必然会受到影响。

事实上，许多容易感到不安的孩子就可能出现"学步晚"的问题。这是因为他们害怕面对新的刺激，于是抗拒运动，或是因为担心摔倒而放弃尝试走路，从而导致这一方面功能的退化。因此，为了促进孩子的运动发育与情绪发育，父母需要以积极的态度对待他们，让孩子不至于感到不安与恐惧。

如果发育显著迟缓，问题可能出在大脑的发育上，也可能是孩子的大脑神经网络天生有些异常导致的。因此父母需要根据具体的症状，准确找到发育迟缓的原因并予以应对。

第 2 部分

2 岁
（13—24 个月大）

意识到了
"我"这个与妈妈
不同的存在

　　这一阶段的孩子终于开始明白"你我有别"了。他们在 2 岁之前还处在认为"妈妈就是我，我就是妈妈"的阶段，很多事情都会被妈妈的意见和心情所左右，但在这之后，孩子就会学着对妈妈的话说"不""不要"了，这表明孩子已经意识到自己是与妈妈不同的存在了。就像身体脱离母体变自由了那样，此时孩子的内心也开始走向自由了。

　　对于这一时期的孩子而言，最重要的发育课题是自我发育。在认识到自我的存在后，孩子会开始探索身边的事物，并不断试探它们是否可以为自己所操控。所以，当孩子表现出想要进行一些尝试的时候，只要不是危险的事，还是不要阻止为好。

⌒ 这是形成自我的时期，也是开始学会反抗的时期

　　自我是一个心理学用语，意为"对自己的意识与观念"。

自我的建立意味着孩子开始认识到自己与别人不同，自身的存在是独立的，是与世界分离的。这个时期的孩子会变得爱说"不要""不是"，对父母的话提出反对意见，这本身就意味着孩子已经认识到自己是与父母不同的存在了。因此，当孩子提出反对意见时，父母应该立刻认识到，孩子已经不是过去那个孩子了。

处在自我形成的过程中的孩子会变得更为固执、喜欢反抗父母说的话，让人感觉非常"不好对付"。若是孩子伸手想把冰箱贴拿来看看时父母说不行，他就会一直耍赖，嘴里念叨着"不是，我都说想看看了，妈妈干吗不让"之类的话。直到最后父母同意给他看，才肯善罢甘休。

仔细观察孩子的日常行为就会发现，在发育初期，不管遇到什么事情，孩子都会像这样反应激烈。想想我们学游泳时的场景就能够理解了。初学游泳时，就算拼命尝试放松身体也还是会紧绷，动作也会因此变得僵硬。但适应了之后，就能舒服地畅游起来。同理，孩子在最早出现自我意识后会做出一些固执的行为，甚至会让人觉得他们是不是出了什么毛病。但孩子会在这个过程中将周围人的反应和自己"撒泼"后的感受结合起来，慢慢学会如何以温和的方式表达自我。因此在这个时期，即使孩子做出激烈的行为，父母也不必过于担心他会变成不懂礼貌的孩子。

ᘰ 明确何可为，何不可为

对于这一阶段的孩子而言，自我发育就是他们的主题，他们会凭借着自己逐渐变得自由的身躯四处探索。任何事都只有亲自体验过后才会明白，因此不管父母如何阻挠，孩子总想到处摸一摸、吃一吃，上蹿下跳，像一个惹事精。在这个阶段，父母最好要最大限度地肯定孩子的意见和想法，在他们流露出想要做些什么的意愿时，努力为孩子创造条件。

如果将这种意愿视为一种固执并试图阻挠，孩子就容易变得有依赖性，或者相反，变得叛逆、习惯反抗。只有当自己的意见和想法得到肯定时，孩子才会觉得"原来我也能做到""我真不错"。这样的想法会对他们未来的人生道路产生重大影响。

但有时，在涉及安全问题时，也不能任由孩子肆意妄为。像是打其他小孩、乱扔东西，抑或是做出把手放进滚烫的水里等各种绝对不可以做的事情时，一定要严厉训斥孩子。这个时期的孩子会开始学会耍性子，如果父母遇到这种情况觉得无可奈何从而对孩子百依百顺，就会渐渐被他们控制。一件事一旦说过不可以做，在任何情况下都不可以做，树立并坚守这一原则相当重要。尽管要最大限度地确保孩子的自主性能够得以发挥，但对于不能做的事还是应该坚决制止。

ᕫ 当孩子因为受挫而情绪消极时，应无条件地安慰孩子

开始探索世界的孩子会不断做出新的尝试，但这种尝试并非每次都能得到他们想要的结果。很多时候事情发展不顺利，他们就会因此而感到受挫。

例如孩子想要拼一幅玩具拼图，但多次尝试都拼得不太顺利，此时孩子可能就会号啕大哭，并用求助的眼神看向妈妈，有时甚至会哭得停不下来，像是要背过气去了一样。这时妈妈应该立即安慰孩子，帮助他尽快摆脱消极情绪，因为这个阶段的孩子仅仅依靠自身的力量是无法消除这种挫败感的。

这时父母如果不尽快给予孩子安慰，孩子就可能做出一些问题行为，以此来表达自己的愤怒，例如用头撞地来伤害自己、乱丢东西、殴打他人等。一些父母可能觉得，孩子是因为发现自己的任性妄为不起作用了才会这样，如果这时去安抚孩子，孩子就会形成习惯，于是便索性袖手旁观，但这种做法肯定是不正确的。

如果孩子被挫折感包围并表现出负面情绪，请立即帮助他们摆脱困境。因为这个年纪的孩子还不会依靠理性进行判断，遇到这种情况，是无法用对话来解决的。因此需要给孩子一些他们喜欢的零食，或是用其他玩具来帮助他们转移注意力、调节心情。如果孩子通过这种方式心情得到了改善，可以让他再去尝试一下拼拼图。虽然孩子可能还是会一次又一次地失败，但他可以借助不断失败的经验最终成功将拼图拼好。于是，孩子心中"做了还是不行"的失败感就会被"我也是能做好的"自信感取代。

孩子会通过这一过程学会调节情绪的方式。在今后心情不好时，也会寻找克服的方法，比如抱紧自己喜欢的娃娃或是一头埋进从小一直盖的被子里。

如果孩子因为受挫而心烦意乱，父母却还在一旁大为光火，孩子就会继续尝试用"烦躁"这一方式去解决负面情绪。这一时期育儿的核心要点在于，不管孩子的行为有多荒唐，父母都应该耐心地去帮助他们。

ᏸᏙ 因为对世界感到恐惧而显得
胆小的那些孩子

离开妈妈的怀抱，一步一步踏入这个世界时，孩子们的内心会感到无比不安。虽然终究会与妈妈分离，但他们对世界的了解还太少，因而难免会感到恐惧。"胆小"的种子一旦被埋下，在需要做什么事的时候，哪怕大人只是稍稍吓唬一下，孩子也会大惊失色、手足无措。孩子甚至可能会因害怕去厕所大便而大哭不止，因为身体里有什么东西啪的一下掉到地上，会让他们觉得很可怕。

这一时期，因为孩子逐渐开始有了"身体形象"的概念，所以身上出现伤痕也能成为令他们恐惧的事情。孩子受伤时给他们贴上创可贴，看到这样的情景后，他们可能会要求大人在自己被蚊子叮咬过后红肿起来的部位或是轻微擦伤的地方也贴上创可贴。这是因为孩子认为，只要贴上创可贴，自己的身体就会变回原本的样子。时间一长，家里的创可贴可能都不够用了。我记得自己的两个孩子小时候也经常收集一堆创可贴。哪怕只是一个小小的伤口，也要拿着创可贴让我帮他们贴上去。我和丈夫脸上长了痘痘时，孩子也会撕开创可贴试图给我们贴上。这种行为其实是孩子在尝试解决自己因为身体变化而产生的恐惧，父母最好不要加以阻止。

孩子在 3 周岁以前，容易感到恐惧、害怕，这些都属于正常现象。但 3 周岁之后，如果这种情况仍然持续，父母就需要留个心眼，观察孩子是否出现了焦虑的问题。不少焦虑情绪显著的孩子都是在严厉骇人的父母的养育下长大的。父母过度的管控可能成为引发孩子焦虑症的祸根，因此需要格外加以注意。

ᕦ 通过制造恐惧来管教孩子是禁忌

在我看来，这个阶段的父母们为了控制太过闹腾的孩子，最常使用的方法应该就是故意制造恐惧了。像是对孩子说"网兜爷爷①要把你抓走了"或者"鬼来了啊"这种话，通过一些孩子害怕的对象来控制他们的行为。因为这一阶段的孩子十分胆小，如果能够引发他们的恐惧心理，管控起来就会非常容易。但这样的行为如果过于频繁，就可能会让孩子内心变得软弱，因此需要引起家长们的注意。

此外，嘴边挂着"你再这样，妈妈就不管你了"或者"妈妈很生气，把你一个人扔这了"之类的话，拿母爱作为条件去控制孩子也不妥当。周岁左右到 18 个月大的孩子对妈妈的依赖倾向非常强烈，他们最大的烦恼就是"离开妈妈，我真的还能活下去吗"。

"妈妈可能要消失不见啦"这种话，别人说也就算了，若是动不动就从妈妈的嘴里听到，孩子一定会感到非常不安。孩

---

① 韩国家长吓唬小孩时爱提及的虚构人物。——译者注

子原本以为妈妈是不会离开自己的，听到这种话之后，这种信念就会变得脆弱，他就会开始缩手缩脚，不敢去自由地探索这个世界，并愈加不愿与妈妈分离，甚至得到父母首肯的事情也不敢再做了。父母原本可能只是想纠正孩子的某个错误行为，最终却给孩子带来了巨大的伤害。

⌇ 自我调控能力从排便训练开始

孩子出生 18 个月后就要慢慢开始进行排便训练了。通常孩子的排便控制能力会从 18 个月大时开始逐渐形成，约 36 个月大时孩子就可以独立排便了。因此父母不必因为孩子已经 18 个月大了，大小便却仍然无法自理而感到烦恼。

更为重要的其实是，父母要懂得排便训练的意义，并从容地应对它。

孩子能否大小便自理属于自我调控的问题，因为排便就是依靠自身的意志排出自己在体内制造出的废弃物。因此如果能够自如地大小便，孩子就会感到很开心；相反如果排便时出了岔子，他们也会感到受挫。此时，如果排便训练过于严格，敏感的孩子就可能会出现便秘等问题，内心也会产生畏惧，丧失自信。

大部分孩子只要身体方面没有特别的问题，在 36 个月大的时候就能大小便自理了。家长不应该因为希望自己可以早点摆脱换尿布的痛苦就去催促和压迫孩子。就像从前的奶奶们带孩子时，一到夏天就会把孩子脱个精光来训练他们排便一样，希望父母们也能够抱着"时候到了，孩子自然就会了"

的从容心态去等待，这样是最理想的。

⌇ 这一时期交朋友并没有太大用处

很多父母认为过了周岁就应该让孩子多跟其他小朋友玩耍，从而促进他们社交能力的发展，但其实还没到时候。因为这一时期的孩子的社交能力是通过和成年人之间的关系得以发展的，而非和他们的同龄人。他们正值不断了解自我的阶段，并不关心别的孩子如何。不知道自己的心情怎样，也完全不明白哪些举动会让朋友感到开心或难过，在这种情况下是没法交朋友的。

在这一时期，就算让孩子跟同龄小朋友一起玩，孩子也只会看他们几眼，很难积极主动地融入其中。甚至反而可能会把别的小孩当作妨碍自己玩耍的对象，跟对方打起来，因此还是不要强行让孩子们聚在一起玩耍比较好。这就是说，只有等到对自我的探索进行到了一定程度，孩子才会对其他小朋友产生兴趣。这一时期大约会在孩子 36 个月大的时候到来，因此，等过了这个时间点再把孩子送去托儿所或是幼儿园，他们就能和同龄小朋友友好地相处了。

在这个阶段，如果有弟弟妹妹出生，对孩子而言也不是一件好事。此时的他们正值需要充分得到父母的关心并不断进行自我探索的时候，如果父母的关心分散到了弟弟妹妹身上，孩子就会感到不安，并因此而嫉妒弟弟妹妹，甚至可能会出现行为倒退的问题。如果可以的话，父母最好控制好孩子之间的年龄差，不要在孩子自我意识刚开始形成的时期再次生育。如果此时孩子已经有了弟弟妹妹，那么请将自己的关心最大限度地倾注在大孩子身上，因为母爱被弟弟妹妹夺走的挫败感很有可能会给他们造成难以挽回的伤害。

第 1 章

父母的态度

和孩子共处的时间太少，
既担心又愧疚

虽然时代变了许多，但对双职工家庭的妈妈来说，带孩子仍是一件十分辛苦的事，这一点跟从前并没什么不同。生孩子就意味着从此要在公司里看人眼色，而为了带孩子可能还要主动把工作辞掉，想要兼顾育儿和职场生活就是这么困难。一旦决定要继续工作，就得做好"每天都会忙到飞起"的心理准备。如果可以把孩子交给自己的妈妈或婆婆照看，又或是能够专门雇人带孩子，那还算是幸运的。如果不能，那么妈妈可能就得一个人扛下所有，育儿、顾家、工作，忙得不可开交。

但就算像这样拼尽全力，妈妈心里的某个角落也依然藏着对孩子的愧疚，每当放下哭闹不休的孩子走出家门时，总觉得内心像是被什么撕扯着。孩子病了不能赶紧过去照顾时，就会在卫生间里偷偷掉眼泪。

*有规律地陪孩子玩耍，度过有意义的时光

并不是说一起度过的时间越多，就越能和孩子建立起良好的关系。就算整天待在一起，如果妈妈无法调节好自己的情绪或是不能适时满足孩子的需求，孩子的情绪发育也可能出现问题。重要的并不是和孩子一起度过的时间的长短，而是质量。为了能和孩子建立起良好的关系，即使一起度过的时间很短暂，也要保证这段时光彼此是亲密无间的，这一点十分重要。

妈妈们可以收起内心的歉意，留出一定的时间和孩子玩个痛快。如果总是被家务牵着鼻子走，总觉得抽不开身，那么就难以集中精力陪孩子玩耍了。如果每天都能有规律地陪伴孩子度过一段愉快的时间，孩子在和妈妈分开的时间里也会期待着再次见面，以安稳的心态度过每一天。如果"每天"这个频率难以实现，也请做到至少每两天陪孩子好好玩耍一次。

在陪伴孩子的时间里，妈妈也要真的尽兴才行。如果妈妈表现出勉强或心不在焉的样子，孩子会极其敏感地察觉到，并因为妈妈的态度而感到受伤。

把和孩子一起玩耍的时间当作缓解工作压力的方式吧。听见孩子咯咯的笑声，妈妈也能得到放松，找回生命的活力。

*孩子生病了，就要不顾一切地陪伴他们

大概没有比孩子生病更让妈妈揪心的事情了。生病的孩子就在眼前，即使自己心里一百个不情愿，但还是要无可奈何地

去上班的时候，妈妈真的会感到无比心痛，这种情况我也感同身受过。但如果孩子真的病了，请一定要陪在他们身边。哪怕是在这之前的一个月妈妈每天都陪孩子玩耍，已经和孩子建立起了良好的依恋关系，但只要在孩子生病时将他交给其他人看护，此前的努力就会全部化为乌有。

不管孩子是身体出现了毛病，还是精神状态存在问题，我都会陪在他们身边。儿子庆模十分敏感，一旦感到不舒服就会开始耍脾气。每当这种时候我就会请一个星期左右的假陪着他。倒也不是说我在家就能把他照看得多好，但妈妈的陪伴的确能够让他内心感到平静。

如果在准备出门上班的时候，孩子比平时更执拗地抓着妈妈耍性子，不肯放手，就说明孩子可能正在承受着精神上的痛苦。此时妈妈最好调整一下工作安排，请个假陪陪孩子。孩子需要妈妈陪伴的时间量有一个标准。不管在平日一起度过的时间里母子之间多么亲密，如果陪伴的时间不够，孩子就会觉得难受，总想黏着妈妈。

如果确实因为无法多多陪伴孩子而感到自责和痛苦的话，也可以考虑一下远程上班或是暂时停职。尽到母亲的责任之后再重新回归工作，对家庭和工作可能都是最有好处的。如果不想放弃什么，就需要将工作和家庭严格区分开来。一味地沉浸在自责中，只会让自己变得"里外不是人"，对公司和孩子两边都感到愧疚。结果既伤害了孩子，又没有处理好工作。

✳ 大方说出自己的难处，勇于接受他人的帮助

如果夫妻两人都决定继续工作，那么丈夫也必须承担一部分家务，妻子可以理直气壮地提出自己的要求。"每天都得亲自打扫""每天都要给孩子好好做饭"之类的想法就抛到一边吧，打扫这件事可以等到周末全家人一起做，辅食也可以先做好放进冰箱里冷冻。试着动动"歪脑筋"吧。就算打扫得不那么干净，或者食物不是那么饱含心意，也比妈妈因为感到疲惫而无法好好爱孩子要好。

如果夫妻中有一人因为太忙而无法分担家务和育儿的压力，那么最好是向他人寻求帮助。娘家或婆家能帮得上忙自然最好，如果帮不上忙，就要考虑请家政服务了。哪怕只是在自己做家务的一两个小时里找个人带带孩子，也不失为一种方法。如果妈妈一心想要成为超人，希望事事做得完美，最终就会伤害自己，进而让孩子变得不幸。因此，妈妈需要尽可能多地寻求帮助。

✳ 克服"好妈妈情结"的 7 个步骤

对孩子心怀愧疚，可能是自己想要成为一个好妈妈的想法太过强烈导致的。但这种"好妈妈情结"不管是对妈妈自己还是对孩子都会产生不良影响。在这里，我总结了克服这种心理的 7 个步骤。

第 1 步：摆脱自卑感

很多时候，父母本身的自卑感很强烈，于是会更加执着于

孩子，这就会导致他们因为没能好好照顾孩子而心怀愧疚。这时对父母来说最重要的是，接受自己本来的样子，哪怕你并不漂亮，或是有一圈啤酒肚，照顾不好家庭，又不会说话。

第2步：爱自己

不自爱的妈妈带大的孩子也不可能学会自爱。在爱孩子之前，请先不断地问问自己："我是谁？我的优缺点有哪些？我喜欢和讨厌的东西有什么？我想做什么？"当这些问题有了答案之后，你对自己的爱便会有如泉涌。

第3步：增强体力

如果体力不支，育儿自然也会变得更加困难，所以请增强自己的体力吧。就算孩子磨人也不会轻易感到疲惫，不管身处何种逆境都能克服，这种力量其实来源于体力。

第4步：放权给孩子

孩子的所有事情都得妈妈一一过目，这种想法还是舍弃掉最好，只有这样妈妈才会感到放松。孩子也会有自己的想法，因此请养成"放权"的习惯，将独立思考并做出行动的权利交予孩子自己。

第5步：不摆老师的架子

不要觉得，妈妈什么事都得教孩子。作为母亲，不要让自己成为训诫孩子、向其传授知识的老师，而是要成为孩子温暖的庇护所。

第6步：给爸爸留出位置

在抱怨爸爸对育儿一事毫不关心之前，请先给爸爸留出位置吧。不管妈妈把孩子带得多好，也有某些方面的事情只有爸爸才能做到。

第7步：不惧怕任何事

请对孩子和自己的未来怀抱着希望，不要充满恐惧。能生孩子，能熬夜带孩子，还能维持好家计，妈妈是如此强大的存在，还有什么好惧怕的呢？

我总是
对孩子发火

育儿一事实在艰辛，根本没有让人喘口气的工夫，也不知何时是个头，身在其中难免感到迷茫。尽管意义重大，但因此而承受的压力也不可小觑。每天都是修行和历练，于是妈妈难免会不自觉地对孩子发火。

一位妈妈曾告诉我，她某一次因为生气打了孩子耳光，从此以后只要一生气就会打孩子耳光，她极度厌恶这样的自己，对自身充满愤怒，也对因此而受到伤害的孩子感到无比自责。尽管如此，她依然担心如果今后再被孩子惹怒了，自己还是会扇他耳光。

＊9大方法，稳住愤怒的父母

育儿是件十分辛苦、充满压力却又无比重要的事情，投身其中一定要懂得控制自己的情绪。如果试图以成人的标准去养育拥有独特个性的孩子，并且稍不顺心就冲孩子乱发脾气的话，就不可能成为好的父母，也无法和孩子建立起良好的依恋关系。我真心希望父母们能在平息内心的怒火之后再来面对孩子。以下是一些能帮助父母控制怒火的方法。

了解生气时自己身上发生的变化

只有本人意识到生气时自己的情绪和生理状态发生了何种变化，才能控制住自己。

调整呼吸

试着一边数数，一边深呼吸，这样就能在很大程度上安抚内心、整理思绪。

告诉孩子自己的感受

但不能通过大声嚷嚷的方式，而是要平静地向孩子说明"妈妈真的因为你的行为感到很生气"。

不要想象和猜测孩子

不要茫然又夸张地在脑海里揣摩孩子，认为孩子很讨厌，而是要客观地思考孩子做出不好的行为或不听话、耍性子的原因。

不要情绪化

不管孩子表面上多么气势汹汹，妈妈都要相信孩子绝对不是故意这样的。成熟年长的大人生气时都会暴跳如雷，更何况是情绪调节能力尚不成熟的孩子呢。

抽身离开后再进行观察

如果感觉自己的愤怒快要爆发了，可以先离开一阵子，暂时摆脱当下混乱的状况，这也不失为一种方法。

如果前6个方法仍无法奏效，那就试着和自己对话吧

问问自己："孩子现在想要的是什么呢？""面对现在这种情况，我能做些什么呢？"试着通过这种方式来抚平自己的

情绪。

反省自己有没有把一些行为和想法强加给孩子

如果制定一些连成年人都难以遵守的高标准并将其强加给孩子，孩子可能会更不听话。

让育儿原则切合实际、灵活有弹性又具有人情味

没有孩子会对父母言听计从，也没有父母会完全顺应孩子的要求。

小贴士

生气时绝对不能对孩子说的话

1."你再哭，可怕的叔叔要来把你抓走了啊。"

因为这种事并不会真的发生，所以这样说就相当于在教孩子撒谎。

2."你会这么做也很正常，我早就知道会这样。"

连父母都整天对自己冷嘲热讽的话，孩子就会失去自信。

3."你怎么跟个傻子一样?"

孩子从父母口中听到"傻子"一词，就会觉得自己真是傻子了。

4."你搞得我没法活了。"

孩子会觉得自己是糟糕的、让妈妈痛苦的存在。

我们夫妻
在孩子面前吵架了

但凡是夫妻就会吵架。每个人在成长过程中都或多或少目睹过自己的父母吵架，父母的有些争吵甚至会给自己留下心理阴影。可当自己成了父母，却时常忘记，夫妻吵架会伤害孩子甚至会影响孩子的一生。虽然"夫妻床头吵架床尾和"，但孩子一旦看到父母吵架，内心的伤痕可不是那么容易抚平的。

✳ 父母吵架的场面是最可怕的恐怖电影

孩子看到父母吵架而受到的冲击远远超过大人的想象。他们会以为发生了什么不得了的事，并因此而坐立不安；也可能会产生"说不定是因为自己做错了事，父母才会吵架"的想法。此外，一些孩子也害怕爸爸妈妈吵完架之后会离开自己。

孩子听到父母高声、神经质且怀有敌意的声音就会感到不安和恐惧，甚至出现心跳加速、呼吸急促、出汗及肌肉紧张等反应。这种反应和我们观看恐怖电影时身体的反应类似。对孩子而言，父母吵架是比世界上任何一部恐怖电影都要吓人的场面。

目睹过父母吵架的孩子，平时父母说话的声音稍微大些就会受到惊吓，因为他们无法分清现在究竟是什么情况。如果经常目睹父母吵架的场面，孩子最后就会变得胆小并学会察言观色。

✳孩子也会试图通过争吵解决问题

不能让孩子看到父母吵架，也是因为孩子长大后可能会一碰到问题就试图通过争吵的方式去解决。孩子会学习并模仿父母的行为。如果他们习得的问题解决方式是争吵，他们就有可能"现学现用"。

在成长过程中经常看到父母吵架的孩子成为大人之后，在朋友关系、兄弟关系以及夫妻关系中也会试图用争吵去解决问题。这种人又有谁会喜欢呢？结局只能是让自己的人生陷入不幸。因此，父母一定不要在孩子面前吵架。夫妻之间的矛盾放在两人独处时解决才是正道。

✳父母一定要吵架的话，请这样做

尽管目睹父母吵架对孩子有着很大的负面影响，但夫妻两人一起过日子，时间久了一次架都不吵也是不可能的。不把这些负面情绪一直憋在心里，并不时以争吵的方式将自己的不满表达出来也是有必要的，这样做能够促进夫妻关系的良好发展。因此，如果遇到了不得不吵一架的情况，那就像下面这样做吧。

请选择在孩子看不到的地方吵架

没必要让孩子观看恐怖电影。吵架还是等到孩子入睡后，或是在他们看不到的地方进行比较好。当着孩子的面，一定要控制住自己。

吵架后不要马上面对孩子

吵完架之后，难免会有一些情绪的残留。在这种状态下面对孩子，孩子就会成为发泄的对象，所以请至少吵完架 30 分钟后再去面对孩子。

如果孩子目睹了父母吵架，就要马上去哄他们

如果在自己万分小心的情况下，还是让孩子看到了父母吵架的场面，就应该立即停止争吵，前去安慰孩子。此时最好是抱紧孩子，告诉他"爸爸妈妈没有在吵架哦，只是说话的声音有些大"。

一气之下
打了孩子

　　父母们时常会以"爱"之名对孩子动手。说实话，"爱的鞭子"效果究竟如何，我们无从得知，但它的确会带来不少显而易见的副作用。因为孩子可能感受不到爱，而只会将这打疼自己的"鞭子"视作暴力。原则上家长是不应该对孩子动手的，但如果实在迫不得已，非得这样做，也一定要遵循相关的原则和步骤。

＊聪明的训斥和耐心的等待

　　我们需要记住一个事实：训斥并不是为了表达愤怒，而是一种教育。为了让孩子能够反省自己的错误，家长需要拥有训斥的智慧和等待的耐心。

　　训斥孩子时也有一些原则必须遵守。尽可能不用"鞭子"去教育孩子，但如果一定要这样做的话，就要保持一致性。比如在妈妈心情不好的时候会挨打，但在家里来客人的时候就被予以宽待，这种没有一致性的体罚会让孩子感到混乱。

再比如明明犯了同样的错误，昨天没有挨打今天却挨打，孩子可能会因此而感到冤枉。

＊ 控制自己的情绪，有原则地对孩子进行体罚

最理想的做法是和孩子一起制定标准，当孩子违背这一标准时就对其进行体罚，而不是依据父母单方面的标准对其进行体罚。体罚孩子时，父母不能带着强烈的情绪，否则就是在使用暴力了。如果处在暴跳如雷的状态，父母还是先调整好自己的心情再去体罚孩子比较好。

同时应该要注意合理"量刑"，并且只能使用枝条之类的工具抽打孩子的手掌、小腿等部位。如果随便抓个什么就上手，想打哪儿就打哪儿，在孩子眼里父母就成了一个情绪化的人，体罚也失去了它本身的意义。

此外，向孩子说清楚体罚的缘由并在孩子犯错的当下立即进行体罚，这也很重要。不要把时间拖得太长，在孩子犯错后短时间内施行切实的体罚，才是最有效的。体罚的时间拖得越长，孩子的挫折感就越大。而且在打完之后，父母一定要给孩子自我反省的时间，同时别忘了安慰他们。这样做是为了让孩子知道，"尽管爸爸妈妈对你动手了，但爱你的心是不会改变的"。

需要注意的是，如果过于频繁地动手打孩子，孩子就会变得无所畏惧。此外，如果体罚过重，孩子虽然会在父母面前表现出听话的样子，但出门之后就会去殴打或欺负比自己弱小的人。事实上，不对孩子进行任何体罚才是最好的。相比用"鞭

子"，还是用"话语"管教孩子更为可取。

✱ 绝对不能动手打孩子的情况

绝对不要因为孩子大小便无法自理，或是出于好奇心和冒险精神做了什么错事，又或是把玩性器官等问题而对他们动手，让孩子对此产生自责感。例如孩子不小心打碎了杯子，这其实是好奇心这一本能导致的，如果父母对此发火，就可能会挫伤孩子的好奇心，这一点父母们务必要予以注意。孩子不管面对什么都摇头说"不要"，或是因为想让家里人给自己买些什么而撒娇，也都不是坏习惯，而是在正常的发育过程中会出现的现象，家长最好不要因此而体罚孩子。

第 2 章

成长 & 发育

我明白要和孩子
建立好依恋关系，
但不知道应该怎么做

　　讨论育儿相关知识的媒体无一例外都会特别强调和孩子建立良好的依恋关系的重要性，与此同时也会谈到没有建立好依恋关系可能产生的问题。但许多妈妈接触到这些内容时会感到沮丧，因为不知道究竟应该怎样做才能保证形成良好的依恋关系。是不是只要无条件地对孩子好就可以了？

＊孩子满 3 周岁之前都要稳定地进行一对一育儿

　　某天一位妈妈带着自己刚满周岁的孩子来医院问诊，向我诉苦说，觉得孩子跟自己不亲。

　　"孩子一看到我就会生气。每次看到我忙完工作回到家，孩子都会躲进奶奶的怀抱，对我发脾气，还时常会向我扔东西、投来怨恨的眼神。我不知道原因究竟是什么。是因为孩子 3 个月大的时候我就把他送去了幼儿园？还是他单纯觉得看到妈妈就很烦，所以会不断耍性子？每当我试图从繁忙的家务中抽出时间陪陪孩子，他都会像这样表现得十分抗拒，我真不知道应该怎么办了。"

这位妈妈跟她丈夫都是职场人士，每天过得十分忙碌。其实这很正常，这个世界上的父母，哪有不忙的呢。因为夫妻双方都需要工作而不得不把还没断奶的孩子早早送去幼儿园或是交给育儿保姆照顾的家庭，也是数不胜数。

但即使每天忙得不可开交，和孩子建立依恋关系这件事也绝对不能轻视。孩子出生后最先遇到的人就是自己的父母。父母会给孩子喂食、哄他们睡觉、帮他们清洗、陪他们玩耍。为孩子提供了稳定的生长环境，才能让他们摆脱生存焦虑，拥有稳定的情绪。

如果父母无法给孩子提供这样的环境，那么就应该积极努力，让孩子与代替自己的那个人建立起依恋关系。如果主要照护者没有变换过，并一直生活在良好的环境中，大部分孩子都能够培养起稳定的情绪。因此，夫妻双方都需要工作的家庭，找到一个主要照护者将孩子照顾到至少3周岁是非常重要的。

上述例子的问题在于，家长在孩子还太小的时候就将其送去了幼儿园。3个月大的孩子太小了，这样的做法是不可取的。在这个时期，孩子需要与主要照护者建立起一对一的关系，而幼儿园里一名老师通常需要同时照顾很多名孩子，很难和孩子形成稳定的依恋关系。这最终可能会引发孩子的暴力行为，比如乱扔东西等。如果真的不得已要将不到6个月大的孩子送去保育机构，则那些一名老师需要照顾的孩子越少的地方越好。

　　如果孩子和主要照护者之间的依恋关系建立得不顺利，就会形成不稳定的依恋关系。如果处在这样的关系中，孩子即使到了五六岁也会渴望大量的身体接触，或是表现出不肯离开妈妈的倾向。

　　此外，这种情况也极有可能引发各种行为障碍。孩子会对他人表现出敌对的态度，或是因为无法很好地表达自身的想法而哭哭啼啼，甚至出现"愤怒发作"的情况——无法控制自己的愤怒情绪或攻击性，最终成为一个暴力倾向严重的孩子。

　　处在不稳定依恋关系中的孩子通常适应能力也相对较差。这种不稳定的依恋关系会让孩子总是想要反抗妈妈，并表现出冲动、被动和依赖的特点，与同龄人的相处也不会太顺利。此外，如果孩子感到害怕并产生了想要逃避妈妈的心理，其自尊心也会随之降低，并表现出对他人的敌意或是做出一些反社会行为。在这种情况下，孩子自然也是无法与同龄人好好相处的。

　　这样的孩子即使长大成人，也很难良好地适应社会生活，依恋关系的问题会一直持续到成年。因此，在依恋关系形成的最初 3 年里，父母应竭尽全力与孩子建立稳定的依恋关系。出生后的 3 年会决定人的一生，这话其实并不夸张。

* 对孩子的依恋行为做出积极反应是基本原则

　　我对这位来医院求助的妈妈解释了建立依恋关系的重要性，并告诉她要为与孩子建立依恋关系而付出努力。虽然有些晚了，但也好过什么都不做。于是她问我依恋关系应该如何建立。我的回答是："对孩子的所有行为和言语做出反应是建立依恋关系的基础。"

孩子从出生后到 3 周岁之前，最为重大的课题就是依恋关系的建立。大多数父母都以为只有自己在为此不断努力，但事实并非如此，孩子也在为依恋关系的建立尽最大努力。我们将这样的努力称为"亲近行为"，比如孩子会哭着找妈妈，然后在和妈妈目光相遇的时候笑起来等，其实都是孩子为了与妈妈建立依恋关系而采取的方式。这就是说，孩子那些在大人看来稀松平常的行为，可能就是一种努力。

这种亲近行为不仅对孩子的发育有着重大影响，还关系到孩子的生存。盯着妈妈看，微笑或哭泣，挣扎，让妈妈抱、喂食物和换尿布。孩子就是通过这样的亲近行为来获得妈妈的保护的，这对他们自身的生存而言是不可或缺的。

因此，建立依恋关系的第一步就是要懂得对孩子的亲近行为做出积极反应。如果孩子哭了就要赶紧过去查看，如果孩子一路小跑过来找妈妈就给他们一个拥抱，如果孩子想和妈妈对视就用温暖的目光注视着他们。如果妈妈难以对孩子的亲近行为做出积极反应，就应该让爸爸来代替。而如果这对父母来说都很困难，就要让代理照护者来代替父母与孩子建立稳定的依恋关系。

＊妈妈感到幸福，依恋关系的质量才会提升

爸爸妈妈就在身边，且关系融洽，自己也能得到良好的照

顾，当孩子处在这样的环境中时，就容易建立起良好的依恋关系。在围绕着孩子的各个环境因素中，最重要的便是妈妈的角色，是妈妈的养育态度决定了依恋关系的质量。

如果妈妈能够经常长时间地照顾孩子，多多陪孩子玩耍，就能促进依恋关系的良好建立。而妈妈的养育行为在很大程度上受其自身身心健康状态、夫妻关系满意度、经济条件等因素的影响。抛开对孩子的爱不说，首先妈妈自己要处于稳定幸福的状态之下，孩子才能幸福成长。如果妈妈内心感到抑郁或悲伤，就无法和孩子建立起正常的依恋关系。

✳ 如何积极地表达爱意以促进依恋关系的形成？

即使心里再爱孩子，如果不表达出来，孩子也是感受不到的。为了依恋关系的良好建立，父母需要经常对孩子表达爱意，让他们感觉到被爱。在这个阶段，无论怎样疯狂地向孩子表达爱意都不为过。

用身体表达爱意并进行身体接触

紧紧拥抱、轻抚头部、轻拍背部、亲吻脸颊和身体、挠痒痒、一边玩游戏一边自然地与孩子进行身体接触、面对面揉孩子的脸。

用言语表达爱意

经常对孩子说"我爱你""你是最棒的"，孩子表现好的话要称赞孩子"做得好"，跟孩子说话时要表现出尊重、温和的态度。

不要强行夺走
孩子的母乳和奶瓶

孩子过了周岁之后，父母就要开始考虑给孩子断奶的问题了。世上没有哪个孩子能一夜之间断掉母乳并开始好好地喝牛奶、吃固体食物。有的孩子即使在妈妈身上吸不出奶了，也还是不肯松口；有的孩子到了5岁还会叼着奶瓶到处走。

有人认为给孩子断奶应该决绝一些；也有人认为顺其自然就好，孩子总会自动断奶的。其实当我们因为这些问题而感到苦恼或困惑时，只需要想清楚一件事即可——从孩子的角度来看，怎样做比较好——断奶这件事亦是如此。

✳ 孩子无法断奶的真正原因

因为既要考虑孩子周岁以后所需要的营养成分，又要培养他们的饮食习惯，所以孩子无法断奶时妈妈们就会十分着急。为了尽快让孩子断奶，她们会给乳头涂上苦药，或是当着孩子的面将奶瓶扔进垃圾桶。妈妈们认为如果这件事处理得不果断，孩子就会更加离不开母乳，断奶一事也会越发变得困难。

但请从孩子的角度思考一下。吃母乳对孩子来说并不只是摄取营养的过程，还能让他们感受到妈妈的爱，对他们而言，躺在妈妈怀里吃奶是最为幸福舒适的事情。这是孩子在情绪上最有安全感的时刻，如果将其一下子夺走，对孩子来说的确太过残忍。

这也解释了孩子为什么会去吮吸奶瓶或是橡胶乳头等东西，因为他们需要以此来获取安全感。所以当孩子去医院等极为陌生的地方时，就会变本加厉地吮吸奶瓶、乳头或手指。

如果是天生气质敏感焦虑的孩子，突然哪天不让他们吮吸乳头等东西了，甚至可能会导致他们的惊厥。

* 孩子需要时间适应

有些妈妈会将周岁作为起跑线，以可怕的方式让孩子断奶，仿佛在跟谁赛跑一样。她们会将家中的奶瓶或是橡胶奶嘴全部扔掉，然后将杯子、勺子硬塞给孩子。

的确有一部分小儿科医生认为，只有采取像这样果决的措施，才能预防孩子出现营养不均衡或牙齿损伤等问题。断奶越晚，孩子就越是依赖母乳，今后的社交能力和自主意识也可能越差。

但我认为，如果孩子在没有时间适应的情况下突然断奶，就会受到极为严重的情绪冲击。从发育的角度来看，到了一定阶段孩子的确应该断奶了，但这也需要给他们留出足够的时间，遵循适当的步骤。

从营养学的观点来看，孩子到了周岁以后，一定要用牛奶代替母乳，家长想要早日给孩子断奶的原因也在这里。但事实并非如此。因为母乳的免疫功能下降，孩子到了周岁以后就需要额外补充营养，这个说法没有问题。但也并不像妈妈们所想象的那样，孩子只要不喝牛奶就会营养不良。反倒是哪天突然断了母乳，孩子可能会因为母爱缺失而出现问题。

﹡给孩子断奶之前需要注意的事情

断奶期进食顺利与否

有些孩子快到 1 周岁了也不肯吃辅食，只愿意吃母乳或是奶粉。尤其是气质敏感或焦虑情绪严重的孩子对母乳或奶瓶很是执着。此外，味觉敏锐的孩子也会因为不适应辅食而要求继续喂食母乳。

能否抓握杯子和勺子

孩子 8 个月大的时候就可以用手抓握东西了。在这个阶段，需要让他们练习抓握杯子和勺子，这样才能帮助他们顺利养成断奶后的饮食习惯。在孩子对勺子和杯子的使用尚不熟练的情况下就强行断奶肯定是不合适的。如果妈妈自己拿着杯勺来喂孩子，或是突然拿走孩子手里的勺子，孩子就会更加依赖母乳或奶瓶，这样也不利于孩子独立意识的形成。

是否对和大人一起吃饭这件事感兴趣

断奶意味着孩子的饮食习惯开始形成。为了让孩子养成好的饮食习惯，首先要让孩子对按时坐在餐桌旁吃各种各样的食物这件事产生兴趣。到了吃辅食的时候，最好让孩子坐在餐桌旁的椅子上，或是在大人聚在一起吃饭的时候给孩子吃辅食，由此吸引孩子，让他们关注和大人一起吃饭这件事。

就断奶而言，时机本身并不重要，也不必担心孩子断奶晚于其他孩子会出现什么问题。没有必要为了让孩子尽快断奶，在他们尚不适应的时候就强行将他们从妈妈的怀抱中剥离，而是要慢慢来，让孩子自然而然地适应新的饮食习惯。

该怎样开始训练
孩子排便才好呢？

　　父母们大多认为孩子两周岁之前一定要做的事就是，学会正确大小便。他们认为是否还需要穿尿布是衡量孩子发育良好与否的标准，因此会早早准备好幼儿马桶，为训练孩子排便而摩拳擦掌。在这个时候，第一步怎么走十分重要，排便训练如果一开始就走错了，产生的问题可能会持续好几年。

✱ 何时开始并无定论

　　你家孩子是什么时候开始学习走路的？几岁开始说话的？什么时候你会允许他去游乐场玩？父母们总是不厌其烦地向身边人打听他们孩子做这些事情的时间，并认为如果自家孩子稍微落后一点就是有什么大问题。但我反对家长们对孩子的发育进行量化。孩子的发育受身心成熟度、大脑发育、养育环境等多方面因素的综合影响，各种因素的作用程度也因人而异，因此每个孩子的发育过程或速度也可能不一致。

　　在学会正确大小便这件事上，父母们的脑子里刻着这样一个公式：孩子18个月大 = 开始进行排便训练。所以一到这个时候，很多父母就会将孩子的尿布拿掉，强行让他们坐在幼儿马桶上，或是将正在开心玩耍的孩子一把拎起来，脱掉他们的裤子，强迫他们"尿不出来也得尿"。如果孩子不小心拉在了裤子上，就会打孩子屁股、责怪他们。这些不合理的行为都是因为家长以孩子能否正确大小便为标准来衡量孩子的发育状况。然而事实上，正确的排便能力与智力或运动神经的发育几乎没有关联。

并不是说孩子聪明就能够控制好大小便，当孩子控制大小便的肌肉训练好时，自然而然就能正确排便了。所以不要心急火燎地去逼迫孩子。"18个月大"的意思是要在这个阶段对孩子进行肌肉训练，从而让他们学会正确大小便，而不是从这个时候开始，孩子就必须能正确排便了。

❋ 想让孩子学会正确大小便的几个前提条件

孩子大小便学得快，妈妈自然会更轻松，毕竟这意味着妈妈可以早点从换尿布这件事上解脱出来了。但如果妈妈对这件事着急上火，孩子就会感到有压力。孩子会为了让妈妈高兴而付出一定程度的努力，但每当犯错被指责时，压力就会积累。最终的结果就是，孩子会为了强忍住便意而出现便秘以及晚上尿床的"夜尿症"等问题。

要想孩子顺利学会大小便有几个条件。首先，他们自己必须要感到"想要大小便"。其次，他们的肌肉也已经发育到了可以将便意一直忍到走进洗手间的程度。再次，孩子还需要了解如何使用马桶，这就意味着孩子在一定程度上能够听懂妈妈说的话了。

但即使这些条件都满足了，孩子依然排斥自己大小便，那就需要再等一等。这个阶段的孩子自我意识已经发展起来了，常会反抗妈妈，很多时候排便训练也会因为孩子的叛逆而遭到抵触。

因此，妈妈在帮助孩子训练肌肉的同时，也要考虑孩子的发育情况，学会耐心等待。如果在教会孩子正确大小便这件事上过分执着心急，这种压力只会让孩子的性格变得糟糕。

* 应该何时开始、如何开始比较好？

如果孩子自己说出了"妈妈，我想拉臭臭"之类的话，那就是时候训练他们排便了。倒也不用特地准备幼儿马桶。幼儿马桶也好，普通马桶也好，首要任务是让孩子熟悉马桶。

当孩子熟悉马桶后，每当他想要大便时，就帮孩子脱掉衣服，让他坐在马桶上，然后面对着他们说"拉臭臭喽"，并做出跟孩子一起用力的样子。如果孩子有所抵触就不必强求，在孩子成功排便后也要大力称赞孩子。如此一来，孩子就会把妈妈的称赞和排便后的舒畅感作为美好的记忆留存下来，这样的好心情会一直留在他们的脑海里，从而为日后正确控制排便打下基础。

*如果孩子已经学会了正确大小便，某天却突然拉到裤子上

　　孩子明明学会大小便已经好一阵了，某天却突然尿在了裤子上。如果出现这种情况，大部分是因为孩子希望吸引家长的关注。所以只要父母多多关心和关爱孩子，问题就不难解决。

　　孩子做出这种倒退行为，最常见的可能就是在自己有了弟弟妹妹的时候。孩子会觉得妈妈的关心被弟弟妹妹剥夺了，之前属于自己的"东西"被抢走了。于是为了夺回父母的关爱，就会在大小便这件事情上出现问题，他们甚至并不是有意的。虽然偶尔也有孩子会故意做出这样的行为，但他们中的大部分都是无意的，很多时候孩子根本控制不住大小便。

　　此外，孩子在遭到父母的打骂时，心理上如果受到了冲击，也可能会尿在身上。这种心理上的冲击中通常夹杂着叛逆心理，从而让孩子做出令父母厌烦的行为。

　　像这样，孩子学习大小便的过程可能会因为心理原因而频繁受阻。这时如果父母训斥孩子"都这么大的人了，怎么还这样？"，情况就会变得更加糟糕。因此，父母即使感到尴尬和生气，也应该表现得淡定，让事情就这样过去。平时也应该多多夸奖孩子"好可爱""做得好"，用言语和行动让他们知道，爸爸妈妈对他们的爱不管在什么情况下都是不会变的，这对于纠正孩子的倒退行为最为有效。

小贴士

如何防止孩子尿床？

　　有的孩子白天能够小便自理，晚上睡觉却尿床。如果是这种情况的话，一定要让孩子养成睡前小便的习惯。而在孩子睡醒想要小便的时候，与其让孩子使用房间里的幼儿马桶，不如让他们提起精神去洗手间解决。但如果孩子尿床的问题持续时间过长，就需要了解确切的原因，向专业医生寻求帮助。

试图培养孩子的独立意识
可能会把孩子毁掉

当孩子开始学习走路和说话时，父母就会变得焦头烂额。因为要为孩子做的事情太多，同时还要担心自家孩子有没有落后于其他孩子。此时，孩子独立意识的形成也是父母们重点关注的事情之一。孩子过了周岁之后，似乎就需要面临这个新的课题了，即"自己一个人也能把事情做好"。那么，究竟如何才能让孩子独立起来呢？

＊周岁的孩子最怕什么？

孩子过了 12 个月之后，就会与母亲分开一些，慢慢学着自己去探索这个世界。孩子能走多远，就能看到、听到、感受到多广阔的世界。在这个阶段，孩子的自我意识也逐渐开始形成，有时固执得让人害怕。有趣的是，随着孩子的固执和反抗心理的发展，他们反倒会想要留在妈妈的身边。所以孩子会动不动就对妈妈耍赖，不服从甚至反抗妈妈的意志；可一旦看不到妈妈，又会感到害怕，哭着喊着找妈妈。

一些情况严重的孩子，甚至在妈妈走进厨房做饭的时候也会开始大哭。这样一来妈妈就会担心孩子本身性格过于倔强，长大后可能存在依赖性严重的问题。在妈妈看来，孩子已经到了要把目光转向同龄朋友或是亲戚的阶段了，而不是一直盯着自己，因此看到孩子总是想跟自己黏在一起的样子就会感到生气、难过。

儿童精神病学将这些孩子称为"瞬间性孤儿"——某天突然被妈妈放在一旁的时候，孩子就会感觉自己像孤儿一样，独自一人被留在了这个世界上。对于这个阶段的孩子而言，最可怕的事情就是和妈妈分离。

因此从结论来看，在这个阶段，为了培养孩子的独立意识而强行让孩子和妈妈分离是十分危险的举动。在孩子周岁以前，哪怕是一点点的分离焦虑也可能会延续下去，孩子至少要到 36 个月大时才能将其克服。

培养刚满周岁的孩子的独立意识，就如同要求一个尚不会走路的孩子跑起来。父母不能因为想要培养孩子的独立意识和自主能力就对其提出不合理的要求。

＊独立意识建立在母子间的依恋关系之上

孩子的独立意识根植于他们与妈妈之间的依恋关系，而这一关系形成于孩子出生后不久的一段时期内。孩子 6 个月大之前，都是在单方面地接受妈妈的照顾，并会对妈妈产生无限的依恋。在这个过程中，孩子会觉得保护和照顾自己的人必须是妈妈。

等到了 6—8 个月大的时候，孩子就会开始认生，并一直黏着妈妈。如果孩子表现出了认生，就可以认为他们与妈妈之间成功地建立起了依恋关系。从孩子的角度来看，降生到这个陌生的世界之后，自己唯一的依靠就是妈妈，所以会黏着妈妈也是理所当然的事。

到了 12 个月大之后，孩子才会开始进行社交互动。随着爬行和自主移动变得可能，孩子会小心翼翼地开始接近同龄的孩子或是身边其他人。在这之前，孩子的关注点只在"我"自己身上，而此时孩子已经准备开始和"我"以外的世界进行接触。不过这一时期的孩子对外面世界的探索还非常谨慎。只有妈妈在自己身边时，孩子才能够安心地迈开步子。一旦看不见妈妈，或是有人过于主动接近自己，孩子就会马上跑去寻找妈妈。

* 培养孩子独立精神的捷径——多抱一下孩子，再离开

孩子到了快两周岁的时候，其社交能力和独立精神才开始逐渐发展，在对妈妈的依恋的基础上，开始试着独立。而孩子也会开始将自己和他人的东西区分开来，还会产生占有欲。在这个阶段，只要和妈妈的依恋关系稳定，那么即使和妈妈暂时分开，孩子也不会过于焦虑。只要知道妈妈和自己身处同一个空间，并且离自己很近，孩子就能独自开心地玩耍，当然也一定会时不时地去确认妈妈是否在自己身边。

出生后的 1—2 年是孩子独立精神和社交能力发展的初期，

在这个阶段，孩子最重要的课题是与妈妈建立起依恋关系。如果在孩子哭闹着找妈妈的时候强行将孩子与妈妈分开，反而会阻碍孩子独立精神的发展。不要直接放开孩子的手，而是应该再抱抱他们——这就是培养具有独立精神的孩子的方法。孩子只有被母爱包围时，才会拥有安全感，并因此安心地走向外面的世界。

孩子连"爸爸""妈妈"都不会叫

"再过一段时间我家孩子就要 2 岁了，但是到现在都还不会叫'爸爸''妈妈'，也听不懂一些简单的话。这是为什么呢?"

同龄的孩子会说很多话了，对自己妈妈说的话也会做出各种反应。而自己的孩子别说讲话，连一声"妈妈"都不会叫，这自然会让人感到担心。

这种情况是意味着孩子语言能力的发展真的出现了问题，还是孩子只是语言发育稍微滞后，家长有些操之过急了呢? 这个问题值得好好思考。对孩子语言能力的发展来说，最重要的其实是育儿方式和成长环境。

✳ 我家孩子是有语言障碍吗?

孩子一般要到 6 个月大时才会开始咿呀学语; 过了周岁之后，父母用简单的语言发出指令，孩子就能听懂并做出反应。而等到两周岁的时候，孩子基本就能说出"妈妈，我要吃饭"

等含有几个词语的句子了。

但语言能力的发展和孩子的年龄并不完全成正比，因此即使出现几个月的迟缓，问题也不大。但如果孩子已经过了周岁却不会玩"躲猫猫"等简单的游戏，大约 18 个月大的时候仍然听不懂简单的指令，24 个月大时还什么都不会说，就需要看看孩子是不是存在语言发育方面的问题了。如果能根据整体的发育状况，找到原因并进行适当的治疗，大部分孩子的语言能力都能得到正常发展。

* 语言障碍的原因

引发语言障碍的原因有很多种。首先，妈妈在怀孕期间压力过大、喝酒抽烟、营养不良、服用药物等都可能成为其诱因。在这样的环境下，胎儿的大脑可能无法正常发育，于是孩子在出生后，认知、情绪和记忆能力等的发育在总体上就会有所迟缓，最终出现语言障碍的可能性也会变大。

有些孩子智力正常但语言发育迟缓。他们虽然能听懂话，但是自己不会说。这时他们只是说话晚而已，即使不接受特别的治疗，大部分过一段时间也会好转，所以不用太担心。

如果孩子在语言发育迟缓的同时，还表现出了不管别人做什么他都不会模仿、反复做出一些奇怪的行为、对他人不感兴趣等问题，那么就有理由怀疑孩子可能患有自闭症。这也是导致语言障碍的原因之一。患有自闭症的孩子在出生后几个月都不会和妈妈对视，不会笑，也不会要求妈妈抱。

此外，智商在 70 以下的智力低下的孩子学说话也比较困难。这些孩子能够对声音做出自然的反应，也能咿呀学语，但他们在成长过程中并不能和同龄孩子们正常沟通，使用的词汇也十分贫乏。除了语言发育，他们的整体发育通常也落后于同龄人。

有些孩子说话语速较慢，可能是存在听觉障碍，不太能够听清声音，因此语言习得存在困难。这样的孩子通常也能咿呀学语，但等到真正开始学说话的时候，就无法正常发音了。这时使用助听器等来弥补听觉障碍，可以在一定程度上帮助孩子实现语言能力的正常发展。

此外，中耳炎也可能导致听力下降，从而使得语言发育迟缓。大脑听觉神经成熟的时期是出生后的0—12个月内，如果孩子在这个阶段患上了中耳炎，听觉神经就无法正常发育，很有可能丧失听觉功能，负责语言的大脑区域也会因此而受到严重的损伤。

我们需要细心观察并加以判断，是什么原因导致孩子出现了语言障碍，并及早进行治疗。语言发育迟缓，不光会拖累孩子各方面的学习，还会导致孩子在人际关系方面出现问题，情绪发育也会出现困难。因此，如果怀疑孩子存在语言障碍，就应该在2周岁左右，最晚3周岁之前，让孩子接受专家的评估。

✳帮助孩子语言发育的生活方式

孩子语言能力的发展首先在很大程度上取决于育儿方式。平时父母要多陪孩子玩耍、多与孩子交流，以此与孩子建立融洽的关系，这样不仅能给语言能力的发展带来帮助，在情绪上也能让孩子变得开朗，形成稳定的性格。帮助孩子语言发育的生活原则有以下这些。

抛弃"教"孩子说话的想法

给孩子读书或展示记忆卡片对于语言能力的发展是没有帮助的。语言是沟通的手段，因此有效的做法是不断和他人进行交流，在实际沟通中聆听他人的话语并加以模仿。为了促进孩子语言能力的发展，首先应该放弃"教"孩子说话的想法。与其让孩子看一个字，不如和孩子面对面、亲切地交谈。

关注孩子想要什么

必须仔细观察孩子在看什么、想做什么、心情如何。孩子通常只对自己感兴趣和喜欢的事情充满好奇心，并试图去了解它们。语言能力的发展也是如此。只有把握住孩子想要什么，才能够找到击中孩子内心的合适的言语。

对孩子说的话做出反应

对孩子的言语、身体动作和表情做出反应，不但能够促进其语言能力的提升，而且对孩子各方面的发展都有助益。一定不要只对孩子的言语有所反应，孩子的每个动作、每个表情都需要得到父母的反应和模仿。当看到父母在模仿自己时，孩子对语言的兴趣就会提高。

说话做到简短、精准

孩子在两周岁之前难以听懂难长句，因此一味地跟孩子说很多话对孩子语言能力的发展并无帮助。最好是经常性地重复说一些简短又精准、孩子能够理解的话。

借助丰富的肢体语言和表情

对于这个时期的孩子来说，语言并不是他们唯一的沟通手段。为了向孩子正确传达自己的意思，大人在说话时需要借助丰富的肢体语言和表情。这样孩子即使不能理解语言本身的含义，也可以通过肢体语言和表情对其进行理解。

第 3 章

习 惯

应该如何纠正
孩子挑食的毛病?

　　父母们总是想让孩子只吃那些对身体好的食物，这样的心意我们都可以理解。孩子过了周岁只想吃符合自己口味的东西，看到不想吃的东西就直摇头。平时也不吃绿叶菜，看到蔬菜甚至会哭起来。看到孩子这样，父母自然会不断叹气。因为担心孩子会养成挑食的习惯，就算是勉强也要将自己认为对身体好的食物塞到孩子嘴里。其实对孩子而言，没有比这更痛苦的事了。

＊偶尔不愿意吃某个食物不代表挑食

　　当大儿子庆模戒掉辅食，开始一点点地吃饭的时候，我们家一到饭点就像打仗一样。庆模第一次使用"不要"这个否定的表达也正是在餐桌上。要是不管给他吃什么他都能乐意张嘴的话那该有多好。可孩子就是那么挑剔，庆模大喊"不吃不吃"的样子至今还历历在目。看到对身体健康并没有益处的零食时眼里就会闪闪发光，看到蔬菜就会拨浪鼓般地摇头，这一度让我很是烦恼。

挑食是指对吃的东西有着明确的喜恶区分，过于专注于摄入某些食物。挑食会导致营养失衡，对孩子的发育或营养状况产生不利影响。因此从孩子周岁前后开始学习吃饭的时候起，父母就需要注意纠正他们的饮食习惯了。

但是也不能因为孩子偶尔一次两次拒绝吃某种食物，就给他们扣上"挑食"的罪名。孩子拒绝食物的背后可能存在诸多原因。如果能够找出原因和解决办法，那么之前排斥的食物孩子也会变得愿意吃。相反，如果因为孩子拒绝过几次某个食物，就从此不再端上桌，不采取任何措施的话，孩子就会真正变得挑食。

＊消除孩子对新食物的抵触情绪

为了纠正挑食的习惯，必须要记住的是，我们的最终目的并非让孩子吃他不愿意吃的东西，而是消除孩子对新食物的抵触情绪。

一方面，孩子本身会对新鲜事物充满好奇心；但另一方面，在面对陌生和变化时孩子也会产生相当大的抵触情绪，看到陌生的食物自然也会抵触。因此从断奶期开始，就可以给孩子做一些辅食，让他们了解各种食物的味道、气味和口感，这是一个预防孩子挑食的好方法。说实话，这也是一直以来我不太喜欢辅食的原因，因为想要借助辅食让孩子感受丰富多元的食物口味是比较困难的。

另外，在断奶期结束之后，孩子就会开始吃保留着食材本身特质的食物。所以，在这个阶段要注意改变烹调方式，让孩子的口味变得更加多样化。

*孩子挑食可能还存在其他原因

孩子挑食的背后可能有各种各样的原因。曾有一位妈妈说，如果孩子不肯吃东西，她就会抱着"多喂孩子爱吃的东西"的态度去进行处理。但这样一来，孩子就会越来越执着于去找那些自己熟悉的东西，永远将新食物排斥在外。

身体上的原因，比如长了蛀牙或哪里不舒服等，也可能导致孩子挑食。如果孩子平时一直表现得很好，某天却突然不肯吃饭了，就需要看看他们是不是身体出了什么毛病。

当孩子的脑海里留有与食物相关的糟糕记忆时，也有可能会变得挑食。如果家里有个叔叔让孩子害怕，却又偏偏和那个叔叔一起吃过饭，那么孩子就可能会排斥当时吃过的食物。许多害怕虫子的孩子看到饭里混着的豆子，也会坚决不肯张嘴。

此外，如果孩子无缘无故拒绝食物的情况比较严重，也有可能是他们无意中选择了挑食这一手段来吸引父母的关注。此时要解决孩子挑食的毛病，就要找到问题的根源。

*不开心的孩子不可能乐意吃饭

每每见到因为孩子的吃饭问题而苦恼的父母时，我都会说：

"怎么吃比吃多少更重要。"

在纠正孩子挑食的毛病时，不能在孩子摄入的食物分量上表现得神经兮兮。如果关注的点在孩子愿意吃些什么、能够吃下多少等问题上，父母就会想尽办法逼迫孩子多吃一点，这样就可能导致孩子对于饭点的到来产生恐惧。

只要孩子处于开心愉快的情绪状态之下，不喜欢的事情也是愿意做的。比如爸爸工作太忙，平时跟孩子难得一见，那么如果哪天爸爸能够早早回到家里跟家人一起吃晚饭，并且说上一句"爸爸也喜欢吃这个，你要不要也尝尝?"，那么就算是孩子本来不喜欢吃的食物，他们也可能会吃上一勺。这时如果能够大力给予孩子称赞，孩子就会很高兴，搞不好还会再多吃上两口。

绝对不要因为孩子不好好吃饭就对孩子加以训斥。如果是为了不被训斥才去不停地吃东西，孩子也就不可能体会到食物带来的乐趣。

✳ 纠正挑食毛病的小诀窍

先让家里的大人改掉挑食的毛病

孩子会模仿家人吃饭的样子。因此，如果家里有大人挑食或饮食习惯欠佳，孩子的饮食习惯也会跟着变差。注意看看自己平时试图喂给孩子的食物是否是家里的大人也不太愿意吃的，如果是这样，首先需要纠正大人的饮食习惯。

孩子不肯吃就绝不强迫

对于孩子不喜欢的食物，应该慢慢增加喂食的次数和分量，给孩子时间适应。一次只给孩子喂食一种新食物，观察他们是否喜欢。如果孩子表现出抗拒，与其强行塞给他们，不如想想其他办法，比如将其与孩子特别喜欢的食物混在一起喂给他们吃。

妈妈先吃给孩子看

这个时期的孩子尤其喜欢模仿父母的所作所为。因此在给孩子吃新的食物之前，如果妈妈可以先吃一点，并表现出开心的样子，这样就能减少孩子对这种食物的抗拒。

试着换换烹饪方法

当孩子不喜欢某种食物时，要仔细弄清他们究竟是不喜欢这个食物的味道，还是对它的气味、口感或形状等有所抗拒。如果能够根据具体原因来改变烹饪方式，孩子就可能出人意料地吃得很好。如果是对食物的口感特别敏感的孩子，可以尝试将食物切碎一点或将烹饪方法换成炸、炒等，这样孩子咀嚼起来就会容易一些。此外，将食物制作成孩子喜欢的卡通形象、花朵或树叶等的形状，或是用替代食品来避免孩子营养受损等也是值得尝试的好方法。

孩子
习惯性打架

有位妈妈曾哭着向我抱怨自己的孩子就像只斗鸡一样，不管去哪儿一定要把朋友弄哭，或是被别的孩子打回来，因此她总是非常不安。在一旁静静观察孩子就会发现，如果其他小朋友在堆积木，孩子就会把别人的积木推倒，然后哈哈大笑。如果看到了自己想要的东西，就会不管不顾地去抢。我每次都会训斥孩子，但孩子也只是短暂地老实一阵子。这样的孩子应该如何教育呢？

＊孩子过于活泼，看起来可能就像是在打架

发现这个阶段的孩子存在粗暴对待他人或是由着性子跟人打闹的情况时，在对其行为进行制止之前，父母首先应该想一想孩子为什么会做出这样的行为。孩子在两周岁之前表现出的暴力并非有意为之。他们有时会因为无法控制自己的愤怒而做出粗暴的行为，有时即使不生气也会对人动手或是乱砸东西。

导致这种情况最为普遍的原因其实是孩子太过活泼。活泼的孩子平时就会表现出行为肆意、动作幅度大等特征。比如，走路的时候特别容易磕磕碰碰，在游乐场攀爬时也容易踩到别的小朋友的手等，说白了就是十分粗心大条。

所以，当看到性格过于活泼的孩子与他人发生争执时，我们不应该将其视为暴力行为，而应该把这理解为孩子气质方面的问题。如果对这样的孩子进行严厉的惩罚，他们很有可能会因为反抗心理而向着真正的暴力倾向发展。

✳不要指望两周岁的孩子能够关心别人

就大脑发育而言，这个阶段的孩子并不懂得为他人着想，在大人看来他们往往是十分自私的。此时的孩子除了自己之外，唯一可能在乎的对象就是妈妈了。因此，如果妈妈训斥跟人打架的孩子，他们不会将其归结于"我欺负了别人"，而是归结于"我惹妈妈生气了"。

或许父母都希望两周岁的孩子就能做到为他人着想、与他人和睦相处。但事实上，至少要等到 36 个月大时，孩子才会懂得与他人相处的乐趣并能设身处地为他人着想。因此在这个阶段，就算孩子一脚把其他小朋友正兴致勃勃堆着的积木给踢散开来，也不妨一笑置之。

同时，由于这时的孩子表达和控制情绪的方法还极为原始，即使心情愉悦的时候也可能会攻击他人。也就是说，孩子即使并没有任何愤怒或不满，也可能会伤害他人。

✳ 好好弄清孩子想要什么

孩子一旦迫切想要得到什么，心里的渴望就会通过攻击性行为表现出来。例如，如果朋友拥有令自己羡慕的玩具，孩子就会克制不住欲望，硬是要把别人的玩具抢来。但这并不是因为孩子对对方抱有敌意，所以不必过于担心。但如果孩子的这种行为导致他们很难与其他小朋友相处，家长就需要出面阻止情况升级。同时，家长平时也要好好了解一下孩子是否存在没有得到满足的部分。

此外，这一类型气质的孩子通常比较容易激动，所以家长最好能够避免让孩子处在可能引发他们焦虑心理的环境中。像是身边有比自己孩子更加活泼的小朋友，或是身处游乐场等嘈杂纷乱的地方，都有可能助长孩子这一气质的发展。

不要对孩子发脾气，也不要对孩子的行为施加压力。因为这已经不是训一训孩子，情况就能有所好转的时期了。我的建议是，好好安抚孩子，不要让孩子的气质往消极方向发展。可以通过进行一些不太容易引起打闹的游戏，来让孩子平静下来。

✳ 如果兄弟姐妹之间爱打架

孩子 2 岁之后，对属于自己的东西的占有意识就会变强，所以住在同一屋檐下的兄弟姐妹之间经常会打架，其中 2—5 岁的孩子尤为如此。不过这也正是孩子在其当前的发育阶段发育良好的佐证，所以父母不用太担心。等孩子们再长大一些，进入幼儿园或是上小学之后，有了同龄朋友，兄弟姐妹之间的碰撞自然就会减少了。

当兄弟姐妹之间发生争吵时，父母要懂得好好调解。一味训斥孩子"作为哥哥你就忍忍吧""不能跟哥哥顶嘴"并不合理。当孩子们吵起来的时候，父母应该先让他们停下来，等心情平复之后再去跟他们讲道理、论是非。此时要记得，一定不能有失公允，绝不能偏袒其中的任何一方。

* 如果孩子经常跟朋友打架

会跟朋友打架的孩子很多都属于需求没有得到满足或明显以自我为中心的类型。如果孩子多数时候都是一个人玩耍，或者父母毫无主见、放任孩子的行为，他们就会变得在任何情况下都只想按照自己的意愿行事，从而容易和朋友产生冲突，老是打架。当孩子发现朋友们都不喜欢自己时，就会陷入沮丧，变得越来越暴躁。

这样的孩子长大后也容易成为自私而孤僻的大人。在这种情况下，与其让孩子勉强和朋友在一起，不如先让他待在爸爸妈妈身边，学习如何调节自己的情绪。

如果孩子做出了自私的行为，例如只想自己一个人玩玩具，最好不要教训他们，而是先装作什么都不知道的样子。如果此时直接训斥或是控制孩子，就可能给他们带去更多的挫折感。如果孩子把玩具让给朋友，跟朋友一起玩的话，就多多表扬他们一下吧。如果优点得不到赞赏，又总是为缺点而挨骂，孩子就无法建立起正面的自我形象。

攻击性可能是多动症的表现

　　患有注意缺陷多动障碍①的孩子经常会胡乱挥动手脚，或是因为无法注意到身边的情况而表现出攻击性行为。只要眼前有什么东西，就会想要伸手去敲打或是破坏掉，但这并非孩子本身所希望的。

　　这也并不是气质的问题，而是孩子的大脑功能出现了障碍。因此，单纯使用语言劝导或是调节环境并不会带来改善。遇到这种情况，必须要通过药物治疗等专业方式来进行解决，所以首先要带孩子去接受正确的医疗诊断。

---

① 注意缺陷多动障碍（ADHD），俗称"多动症"。

孩子不喜欢
跟小朋友们玩

"为什么当其他小朋友靠近时，我家孩子会逃跑躲开呢？刚开始还以为是因为不熟悉才会这样，但现在去文化中心都好几个月了，孩子还是不喜欢跟小朋友们一起玩，总是表现得十分警惕。会不会是发育出了什么问题？"

看到孩子不能跟小朋友们玩到一起去，父母就会担心孩子的社交能力和语言能力等的发展是否出现了问题。但孩子与其他小朋友的良好关系并不是一朝一夕就能建立起来的。会警惕其他小朋友，这本身就意味着孩子迈出了与他人相处的第一步。所以请不要过于担心，循序渐进地帮助孩子即可。

> **＊孩子与父母的关系目前还是比与朋友的关系更为重要**

每当见到前来接受诊治的孩子时，我都会下意识地觉得应该是父母出了问题。父母的急性子和过度焦虑让好好的孩子一夜之间变成了问题儿童。

孩子交友方面出现的问题也同样如此。对于 12—24 个月大的孩子来说，朋友尚不是具有重大意义的存在。虽然这个阶段活动范围一下子变大了，但是对于孩子来说，妈妈仍然是最为重要的，因此即使看到同龄的朋友他们也不会太感兴趣。就算看起来是跟小朋友们一起在玩，孩子也会神不知鬼不觉地突然出现在妈妈身旁，而如果眼前有什么好玩的东西，即使其他小朋友就在身边，他们也不会予以理睬，而是更倾向于自己一个人玩。这都是这个阶段的孩子具有的典型特征，他们还不能体会和朋友一起玩耍的乐趣。

这个阶段孩子的社交能力还停留在"知道在这个世界上有和自己同龄的人存在"的程度。因此，如果家长希望孩子在过了这个阶段之后能和朋友好好相处玩耍，就应该积极地向孩子表达爱意，而不是直接将孩子推到其他小朋友跟前去。只有和妈妈之间的依恋关系建立得足够稳固，孩子才会拥有和其他小朋友相处玩耍的能力。就像在种树之前要先让土地变得肥沃一样，被爱过的人才会懂得付出。从父母那里得到了足够多关爱的孩子，才会知道如何对朋友付出，甚至不需要说教和命令，孩子自然就会与朋友和睦相处。

在这个阶段，表达情感时的一致性显得尤为重要。主要照护者在照顾孩子的同时，也承受着巨大的育儿压力，因此很难一直以良好的心理状态对待孩子。但如果妈妈一会儿因为觉得孩子漂亮可爱而抱他们，一会儿又对孩子漠不关心，孩子就无法形成稳定的情绪。孩子出生后最初遇到的人就是父母，只有从和初遇之人的关系中收获了正面的体验，他们才有可能与其他人建立起良好的关系。

*别急着让孩子和同龄人接触

在给孩子创造与同龄人接触的机会时，不要急于求成，要从孩子熟悉的环境开始。比如带一个同龄的孩子回家，或是通过与能够经常见面的邻居沟通交流，来让孩子慢慢习惯与他人接触。

此外，这个阶段的孩子对"自我"具有强烈的意识，但对"你""我们"等概念则尚无认知。因此即使和朋友玩成一片，也还是会为了争抢玩具而打作一团，哭闹不已。这时父母不必直接出面训斥孩子，或是贸然进行调解。这是十分正常的情况，父母只需在一边看着就好。不过也要好好安抚孩子，以免他们受到伤害或惊吓。

一些家长在这个阶段就想把朋友之间相处应该遵循的规则教给孩子，这其实是没什么意义的。但父母可以在日常生活中树立榜样，让孩子能够无意识地边看边学。我希望家长可以经常对孩子说"对不起""谢谢"等礼貌用语，多让孩子看到自己亲切地和别人打招呼的样子。

小贴士

已过周岁的孩子们在一起玩耍时的场景

我知道，这个阶段的孩子的确是可以和其他小朋友们一起玩耍的。但即使让孩子们玩到一起，能够亲密无间、相处融洽的也并不多见。我们常会看到一个孩子在一旁玩汽车模型，另一个孩子则独自抱着玩偶的场景。他们尚不能体会一起玩耍的乐趣，大部分时候只不过是在共享一些好玩的东西罢了。

　　但在未来，交朋友这件事会成为孩子发育的重要课题之一，所以父母还是应该经常给孩子提供接触朋友的机会。但如果孩子感到害怕，就不要硬将他们塞到其他小朋友中间，而是应该更多关注孩子和妈妈之间的关系。

孩子试图用哭闹
解决一切问题

孩子会哭是理所当然的事。刚生下来时，他们就是通过哭泣来表达自己的意图的，在成长过程中也会一直哭个不停。摔倒了会哭，饿了会哭，挨骂会哭，玩具换了个摆放位置会哭，看到妈妈皱了皱眉头也会哭。如果孩子每次哭闹妈妈都绷紧神经，那么妈妈就会最先被疲惫感压垮。看到孩子哭了就先好好地哄一哄他们，等到他们平静下来之后再去寻找原因。

*绝不能抱着"你要哭就哭吧"的态度

如果孩子过了周岁之后还是每天哭闹缠人，家长难免会产生破罐破摔的心态。但面对泪流满面的孩子，我们也不能袖手旁观，摆出一副"你要哭就哭吧"的态度。这跟对孩子说的话充耳不闻没什么区别，要知道哭泣也是孩子表达自身想法的一种方式。

此外，由于这个阶段的孩子对妈妈的冷漠和冷落尤为敏感，妈妈冰冷的态度往往会导致孩子的焦虑情绪加重。

＊哭的原因不同，应对方式也不同

如果孩子在快满周岁的阶段想要做什么或想要得到什么时都试图用哭闹来表达，这可能会让他在之后的成长中也总是选择哭泣的手段来达到目的。另外，在想要耍性子却没有底气或想要依靠大人时，孩子也可能会选择哭闹来表达。孩子在无法顺利表达自己的想法时，也会很容易感到愤怒，进而哭出声来。

如果孩子哭着闹着提出一些充满危险或对他人不利的要求，就要先警告他们，让他们知道这件事是不行的。如果孩子还是继续哭闹，就可以从他们身边离开，在孩子视线范围内静观其变。等他们认识到"原来哭闹没用"的时候，自己就会试着去改变表达的方式。

当想要做些什么却不能如自己所愿时，孩子也会哭。比如当孩子想要爬上一些比自己身体更高的地方，但最终没能爬上去的时候，就会大哭起来。对于这个阶段的孩子而言，按照自己的意图做事并享受自由也是发育过程中极为重要的体验。因此，如果孩子因为想做什么事没能做成而大哭的话，与其一味地训斥和劝阻，不如帮助孩子，让他们依靠自己的力量达成目的。

如果孩子无缘无故走过来又哭又闹，其实是印证了孩子想要依靠妈妈的心理，意味着孩子想跟妈妈进行温暖的互动。虽然孩子总是非常闹腾，作为主要照护者的妈妈这段时间也无比辛苦，但还是请再次展现自己的耐心，以温柔的对话、对视、拥抱等方式，让孩子感到安心。

这个时期的孩子表达情感的能力尚不够成熟，因此不要因为他们哭闹就随意责骂，而是要仔细询问孩子究竟想说些什么，或是希望得到什么。即使不使用语言，也要帮助孩子用手势或表情等来表达自身的想法。当这种体验反复积累时，孩子就会在不知不觉间学会用语言代替哭闹来进行表达了。

第 4 章

自我意识

孩子硬把别人的东西说成是自己的

有些孩子会把别人的东西硬说成是自己的，并跟人打起来。这种情况在儿童咖啡厅或是幼儿园里非常常见，当然在家里也是一样。如果有同龄的孩子来家里玩玩具，那么不管玩具是不是自己的，孩子都会一边大喊"这是我的"，一边将其强抢过来。

孩子不光对自己的东西会这样，连别人的东西也会强说成是自己的，我真是不知道该怎么办才好了。

✳ 这是孩子因自我意识发展而产生占有欲的时期

孩子在 15—30 个月大的时候，其自我意识会得到发展。此时，孩子开始意识到自己是独立于妈妈的存在，自己的行为不一定要遵从妈妈的意愿。因此从这时起，孩子就会变得不再依赖妈妈，什么事都想要亲自尝试。也正是在这个阶段，孩子的探索能力和动手能力会开始得到发展。

与此同时，孩子也会产生对物品的占有欲。所以孩子们会为了玩具而打架，也会有孩子偷偷摸摸把儿童咖啡厅的玩具带回家。这是因为孩子并不知道别人的东西是不能拿的，也不知道自己的东西可以分享给别人。

发生这种情况后，很多父母就会担心孩子是不是沾染了偷窃的毛病，或是因为缺乏关爱才会做出这样的行为。其实父母们不必太过担心，这属于正常发育过程中的行为。原本只停留在自身和妈妈身上的注意力延伸到了朋友和朋友的物品上，孩子自然就会做出这样的行为。

* 不骂不行，骂狠了更不行

父母们会这么说："如果只是一边嘴里喊着'这是我的'一边把其他小朋友的玩具抢走，倒还能稍微宽容一下。但如果是偷偷把别人的东西带回家来，就必须要好好教训一顿，把这毛病给纠正过来。"这是因为他们已经给孩子的这种行为扣上了"偷窃癖"的帽子，但事实上，这个阶段的孩子把别人的东西带回家的这种行为并不足以坐实这个罪名。

如果孩子偷拿别人东西的习惯发展成了偷窃癖，那么在很大程度上可能需要从家庭环境或是父母的养育态度中寻找原因。习惯性地对他人物品下手的孩子，大多具有情绪方面的问题。其中最常见的是，由于缺乏父母的关爱，于是通过偷东西来获得代理满足。他们这样做是为了引起父母的注意，或是出于叛逆心理的一种表现。

当孩子把朋友的东西抢走或偷偷拿回家时，父母做出的反应也会影响他们之后的行为。如果此时不予以责备而是置之不理，或是过于严厉地加以责备，孩子就很有可能养成偷窃癖。孩子并不清楚拿别人的东西是不好的行为，所以不能教训得太厉害，否则一不小心就会让孩子变得畏首畏尾，失去自尊，最终成长为一个消极的人。

✱ 请用坚定的语气严厉地告诉孩子

但也不是说，应该放任孩子将别人的物品拿回家这样的行为不管。首先要告诉孩子，未经允许就拿走他人的东西是不好的行为。跟孩子说这些话时，务必要做到语气坚定、态度严肃，但不要发脾气。

然而，在听完父母的解释后，孩子可能还是会继续犯同样的错误。因为他们尚没有建立起逻辑思维系统。这时，父母还是要坚持使用上文提到的方式去教育孩子。如果父母对孩子的这种行为时而加以训斥，时而又视而不见，孩子就无法真正意识到这种行为是不对的。父母在面对孩子的错误时，必须要表现出前后一致的态度。

孩子整天把
"不要"挂在嘴边

这个阶段的孩子会把"不要"挂在嘴边，仿佛全世界的词语他们知道的就只有这一个。当孩子叛逆地念叨着"这也不要，那也不好"时，父母一定不能对他们发火。如果真的相信孩子"不要"的说法并放任不管的话，孩子又会一直大哭大闹，父母根本无法安心。家长们因此常常感到左右为难，手足无措。这到底是怎么回事呢？

*"不要"是孩子试图脱离妈妈的"独立宣言"

如果孩子开始把"不要"挂在嘴边，那么就不能将此时的孩子与之前的看作同一个人了。因为他们已经逐渐走出需要完全依赖妈妈的阶段，开始尝试自己做一些事情了。"不要"这个词可以看作孩子试图脱离父母的"独立宣言"。他们希望借此表明，自己不会再像之前一样对父母言听计从了。

在诊疗的过程中，我常常会遇到刚刚进入这个叛逆阶段的孩子。这个年龄段在韩国被称为"可恶的3岁"，而在美国则被称为"可怕的2岁"。此时父母们个个都觉得：

"带娃实在是太辛苦了。"

在这之前，孩子会跟人逗乐，模仿爸爸妈妈说话，无比可爱。但现在，孩子张嘴闭嘴就是"不要""不"，的确容易让人感到生气。

然而，看到孩子这样，我的心里反而会感到有些满足。就算没有别人催促，孩子们也会一步一个脚印地迈入自我发展阶段，这实在是有些神奇。我在带自己的两个孩子的过程中也时常感到非常艰难，所以总是会这样告诉生活在水深火热中的父母们：

"现在孩子已经顺利进入自我发展阶段了。为了促进自我的形成，孩子才会老是什么东西都想去探个究竟，因为琐事犟个没完。但也只有这样之后，孩子才能进入下一个发展阶段，因此父母必须豁出去接纳这一切。"

过了周岁之后，孩子基本就可以自己走路、随意奔跑了。到了那时，即使没有父母的帮助，他们也能去自己想去的地方，做自己想做的事情。

另外，随着活动范围的扩大，孩子也会对各种各样的事物产生兴趣。从前可能都是凭借双手和感觉来理解事物和表达自身感受的，现在却可以通过大脑来进行思考并表达想法了。这是一次革命性的变化。

这种运动能力和思维系统的发展很快就会让孩子变得非常有主见。什么事都想自己独立完成，如果大人帮忙就会感到烦躁，也会因为自己提的要求没有得到允诺而大发脾气、不断耍赖。不肯让妈妈帮自己洗脸，勺子都拿不稳却偏要自己吃饭，妈妈担心食物洒了想帮着端一下碗，孩子也会执拗地表示"我要自己来"。

✱ 喜怒无常的孩子们

虽说这个阶段的孩子开始从妈妈身边独立起来了，但并不意味着这个过程是一帆风顺的。孩子尽管想和妈妈分开，什么事都自己去做，但可能突然哪天又会紧紧黏在妈妈身旁不肯离开了。幼儿园去得好好的，突然就赖着说不想去了；嘻嘻哈哈玩耍得正起劲，又会突然打妈妈几下，总之行为方式让人捉摸不透。

孩子意识到自己和妈妈并非身心合一的时候，就会感到不安，而随着自我意识的发展，自己本应逐渐开始独立，但事情的进展却有些不尽如人意，因而他们会感到愤怒。上述行为都可以视作孩子愤怒的具体表现。既不能完全依附于妈妈，又无法完全离开，是这种进退两难的尴尬状况惹怒了孩子。在这个阶段，让孩子相信"不管你怎么做，妈妈都会陪在你身边"是极其重要的。

抚养这个阶段的孩子相当困难，不过也请父母们记住，其实孩子更加辛苦。想做的事情很多，却常常力不能及，自己的想法又无法顺畅地表达出来，孩子心里自然十分苦闷。此时我们还能怎么办呢？作为比孩子成熟得多的大人，只能尽量去包容、接纳他们了。

*培养孩子的自主性和独立性

从此时开始，父母也需要拿出和从前不同的养育态度了。如果说到目前为止，父母的主要任务是保护孩子，那么从今以后父母的努力方向就是"培养孩子的自主性和独立性"了。这个时期的孩子非常任性，因此父母也会加以诸多干涉。但在可能的范围内，最好不要去制止孩子的行为。要悄无声息地帮助孩子在挑战中取得成功，并在孩子成功做到某事之后不吝啬自己的赞美和奖赏。

如果因为孩子犯错就训斥孩子，或是因为孩子固执而威逼孩子，又或是让孩子按照自己的要求去做，那么孩子就会因此而感到羞耻，并丧失独立做事的意志，还会做出一些让父母感到难堪的事。例如遭到妈妈的责备后，有的孩子会故意做出让人讨厌的行为，如将食物倒掉等。这些事情随时都可能发生，因为孩子清楚自己现在已经可以对他人造成影响了。

家长也应该避免用嘲讽的语气对孩子的行为评头论足。比如喂饭时遭到孩子的拒绝，孩子想要自己吃，结果不小心把碗打翻了，这时如果妈妈说"我就知道你会这样，所以我才说要喂你啊"，那真是再糟糕不过的说法了。如果以这种方式消极地对待孩子独立的需求，孩子自我形成的过程就会被不断往后延迟。

*24个月大，是孩子的叛逆高峰期

孩子的叛逆行为主要表现为嘴里整天挂着"不要""不"

之类的表达，并会在 24 个月大左右的时候达到顶峰。在接近 24 个月大的时候，孩子几乎已经可以表达成人的所有情绪了。其结果就是，孩子的自我意识会变得更加清晰，叛逆心理也会加剧。虽然家长老琢磨"可恶的 3 岁"何时才能结束，但真正结束之后，再回过头来看也并不觉得漫长。如果将孩子的叛逆看作智力发育和各种情绪分化的过程，那么父母在与孩子较量时会更加游刃有余。

只要去公共场合
就耍赖

有时去到公共场合之后，父母可能会因为孩子耍赖而气得直跺脚。尤其是商场这类好吃好喝好玩的地方，孩子甚至可能会躺在地上撒泼。这时人们常会在旁边围观孩子的大喊大叫，真是让人焦头烂额，不知该怎么应对。孩子为什么会这样撒泼呢？作为父母，又该如何加以纠正和指导呢？

* 父母不成熟的处理方式会让孩子一直耍赖

耍赖是孩子在自我形成的过程中自然会做出的行为。因为孩子还无法运用有条理的语言表达自己的想法，所以如果想做的事遭到了父母的阻止，就会开始撒泼耍赖。从某种程度上来说，这是十分自然的现象。但如果到了让人难以忍受的地步，父母还是应该予以纠正。

大部分家长看着耍赖的孩子就会觉得是他们太固执、太难伺候；或者孩子过于执着，要求得不到满足就不肯罢休，家长就不得不答应他们的要求。有一些孩子的确本性固执难缠，但父母错误的态度也会导致孩子变本加厉，耍起赖来越来越放肆。

比如一起去商场的时候，孩子在玩具柜台前抓住一个玩偶不放，非让妈妈给自己买。尽管妈妈已经明确表示"下次再给你买""你要这样的话，下次就别再跟我出来了""妈妈先走了，你自己看着办"，但孩子还是寸步不让。僵持一番之后，最后多半都是妈妈败下阵来。

"那今天就先给你买了吧。下次再这样耍赖，你就等着挨骂吧。"

手里抱着玩偶的孩子肯定会把这话当作耳旁风。下次遇到同样的情况时，孩子还是会试图用耍赖的手段来达到自己的目的。因为他们已经体验到了通过耍赖将"不行"转化成"行"的力量了。

孩子耍赖的时候，父母要是能够答应就尽量答应，但如果是绝对不可以答应的事情，就算天塌下来也不能对孩子妥协，父母一定要拿出这种果断的态度。这样，孩子就不会声嘶力竭，不达目的不罢休，父母也可以让自己少受一些累。

＊丢脸一瞬间，效果恒久远

孩子在公共场合常常会变本加厉地耍赖。这是因为他们知道，在公共场合时父母总是不那么严厉，通常会满足自己的要求。

带孩子去商场或乘坐公共交通工具时，很多妈妈会准备一些糖果饼干以防万一。平时在家时严格控制孩子吃这些食物，遇到孩子耍赖时就把这些食物当作胡萝卜加大棒中的"胡萝卜"使用。

要带孩子去公共场合时，妈妈们的心里早早就会开始觉得不安。在这种状态下，因为孩子耍赖而被人围观，妈妈们自然会感到丢脸，因此不得不答应孩子的要求。但回到家之后再怎么跟孩子解释耍赖这种行为是不对的，对孩子来说也是对牛弹琴了。因为当时的情境已不复存在，孩子也已经得到了自己想要的东西。

此时，父母最好做出豁出去的心理准备，丢脸也无所谓，用坚决的态度面对孩子的耍赖。即使听到旁边围观的人说"这样对待孩子真是无知""差不多就得了，给孩子买一个吧，都把孩子弄哭了"，也要充耳不闻，绝对不能被孩子耍赖的行为"打倒"。关于这个问题，我想要对妈妈们说的是：

"丢脸是一瞬间的事，但这样做的效果却很持久。"

如果父母对孩子在公共场合耍赖的行为表现出坚决的反对态度，他们今后就不会再试图通过耍赖来解决问题。

＊无视＋赞美＝效果最大化

针对孩子的问题行为，有一种管教方式叫"消退法"。当孩子做出错误行为时，如果父母表现得漠不关心，那么这种行为就会自动消失。比如对不好好吃饭、只知道玩餐具的孩子来说，与其哄他们吃饭，不如对他们说"既然你已经吃完了，那我就收走了"，并当场把饭桌收拾干净，这样做效果十分明显，孩子爱在饭桌前磨蹭的习惯会自动消失。

遇上孩子耍赖，也可以用一样的方法。如果孩子不管父母怎么说、怎么哄都不肯停下来的话，就直接无视孩子的行为，并在远处观察他们，这样做也会收到良好的效果。如果是在人流量比较大的地方，孩子的行为会妨碍他人的话，可以先带他们去一个人少、安静的地方，然后继续保持无视的态度即可。

　　最后，孩子会自己冷静下来，回到父母身边。这时，就可以指出他们的错误，安慰他们因为撒泼耍赖而疲惫不堪的身心。无视这一做法不光可以应对孩子的耍赖，在纠正孩子的错误行为时同样有效。如果父母对孩子的一些错误行为表现出漠不关心的态度，那么孩子就可能自此作罢，因为他们知道这种行为对于表达自己其实毫无助益。

　　无视孩子的错误行为的同时，也要对孩子的正确行为加以赞美。错误的行为被无视，正确的行为被称赞，这样孩子才能改正自己，不断进步。比起在孩子耍赖的时候对孩子进行训斥，在孩子听话时给予表扬更为重要。如果孩子表现好，就请立即夸奖并拥抱他们吧。俗话说"听到赞美的话，连鲸鱼都会起舞"，表扬也可能让孩子不再做出错误的行为。

✱改变孩子耍赖习惯的 5 种方式

如果孩子的要求不危险，可以适当满足

　　如果父母经常对孩子说"不行"，就会挫伤孩子的积极性，让他们变成小赖皮鬼。但如果孩子提出了绝对不允许的要求并一直耍赖的话，父母一开始要温和地劝导他们。如果他们还是不肯作罢，父母就应该态度坚决地进行拒绝。

离开所处位置

如果孩子耍赖过头，各种打滚、扔东西，请先将危险物品移开，然后观察一段时间。如果孩子一直没有停止的迹象，最好还是抱着孩子离开这个地方。

冷静地劝导

等孩子平静下来之后，就去抱抱他们，冷静地劝导他们承认自己的错误。

不要为了制止孩子耍赖就去做出承诺

不可以因为孩子耍赖就承诺之后给他们买玩具，并试图以此来转移孩子的注意力。这样做他们有可能会将耍赖当作达到目的的手段。

不拿孩子与兄弟姐妹或其他孩子比较

比较会让孩子失去对妈妈的信任，自尊心受到严重伤害，让他们成长为低自尊的人。

我家孩子不会有
自闭症吧？

　　孩子稍微做出异常的行为，父母就会担心他是不是患上了自闭症。尤其是看过一些相关报道后，许多父母都会觉得这个病相当可怕。我们尚未明确自闭症发生的具体原因，但越早发现症状、父母越用心对待，其治疗效果就越好。

＊什么是自闭症

　　所谓自闭症（autism），是指在语言、沟通、社交和行为几个方面的发育障碍。孩子对某件事非常执着，或是拥有重复的行为和习惯，语言能力的发展也存在问题，同时表现出社交能力低下的症状。自闭症儿童的反常行为可以说是他们无法与人进行沟通，于是内心出现了冲突的结果。因此，想要治疗自闭症儿童，需要从沟通交流和语言习得两方面着手，双管齐下。

　　男性出现自闭症的概率是女性的 5 倍，其主要病因应该是大脑发育方面的问题。此外，从孕期到孩子出生后 30 个月之前的细菌感染也被认为是导致这个疾病发生的原因之一。并不是大脑的某些特定部位受损才会引起自闭症，大脑的任何部位出现问题都有可能造成这个结果。

* 自闭症儿童必然会出现的 3 种症状

无法与人对视

自闭症儿童很少与人对视。正常的孩子 3 个月大左右就能开始与人对视了，但自闭症儿童往往难以做到，他们总是会凝视半空，就算父母有意和孩子对视，他们也会看起来像是眼前没有任何人一样。

正常发育的孩子在这个阶段已能够认出妈妈了，也更喜欢被抱着而不是自己躺着，会伸出双手要抱抱或是在被抱着的时候因为高兴而发出声音。但自闭症儿童被人抱着的时候并不会依偎在抱他的人的怀里，被人背着的时候也不会伏在背他的人的背上，而是会身体往外仰，他们倾向于不与人进行身体接触，也不会认生或在与妈妈分开时表现出分离焦虑。

家长们看到孩子这种毫无反应的状态，再加上孩子一个人在找不到妈妈的情况下仍过得很好，很容易误以为是孩子性格温顺，但这时一定要细心观察。另外需要注意的是，即使到了大多数孩子都开始关注同龄小朋友的阶段，自闭症儿童也会对其他孩子表现得毫无兴趣，只想一个人待着。

说话晚，不断重复同一句话

语言障碍是所有自闭症儿童共同具有的特征。他们的语言发育普遍迟缓，有的甚至 5 岁了都完全不会说话。

正常孩子在出生后3—4个月的时候就开始通过咿呀学语来试图引起父母的注意，但这种表现在自闭症儿童身上并不明显。事实上，一般孩子就算不会说话，看到父母的时候也会表现出高兴的样子，到了8个月大左右也能开始模仿父母说话了。但这些情况都无法在自闭症儿童身上观察到，甚至叫他的名字，他都可能不会做出任何反应。

9—15个月大时，一般孩子就会开始用"妈妈""饭"等单个的词语来进行沟通了；等到18—20个月大时，通常就可以将两个词语组合起来表达了，比如"妈妈，饭"。但同龄的自闭症儿童的语言能力却无法发展到这个程度。

在成长到一定阶段之后，自闭症儿童即使能说话，很多时候也只是在重复别人所说的话。他们或许可以清晰地模仿电视上的广告语或歌词，却并不能将它们化为己用，与人沟通。说话时也多以不成句的词语为主，语调整体偏高，很多发音听起来相对古怪。

对环境变化较为抵触

自闭症儿童只会做自己知道怎么做或之前做过的事情。他们常带有过度的想象力和幻想，总是在重复着同样的游戏和简单的事情。对特定物品具有强烈的依恋感，一旦失去就会哭哭啼啼闹个不停。他们也会重复做一些反常的行为，例如连续转动玩具车的轮子或是一直不断地翻书好几个小时。哪怕环境只发生了细微的变化，他们也无法忍受，然后开始闹脾气。偏食也相当严重，不肯尝试新的食物，只想一直吃同样的东西。

自闭症在2岁之前就可以被诊断出来，并且越早治疗效果越好。因此，如果怀疑孩子可能患有自闭症，父母应该尽快向专业医生咨询。当然，父母应该对孩子的正常发育过程有着足够的了解。也就是说，只有充分了解了正常孩子在语言、社交及运动能力等方面会经历怎样的发育过程，才能理解自闭症儿童并对其未来的发育过程做出合理的应对。

如果孩子并没有出现上述症状，只是表现得有些胆小、容易情绪低落，父母不必太过担心。只需要确认孩子的成长环境和父母的养育态度是否存在问题，并投入更多的心力去照顾孩子就行。

* 如果孩子被诊断患有自闭症

孩子一旦生病或是出现某方面的障碍，父母就会对此产生负罪感。但内疚对于理解孩子的行为和特征以及解决问题毫无帮助，只会加重自身的心理负担，导致孩子难以得到适当的治疗。因此早日从这种负罪感中摆脱出来十分关键。

此外，父母还需要帮助孩子尽量多地接触正常儿童。孩子的言行比较特别，可能会引起他人的关注，并因此使孩子感到不安。但为了孩子能够好好成长，这一过程是必要的。如果希望孩子以后能够融入正常人的生活圈子，就应该多多让他和其他孩子接触，给孩子提供模仿和学习正常儿童的机会。

父母的作用对治疗自闭症是最为重要的。他们比任何人都要了解孩子，也是陪在孩子身边最久的人。但请不要忘记，就算父母想要尽自己的一份力，首先还是要去努力寻求专业的帮助和建议。

自闭症治疗时间久、见效慢，但只要投入了所需的心力，自然就会不断好起来。因此父母平时要调节好情绪，保持健康与活力，以免在这场持久战中感到筋疲力尽。

∗ 和自闭症相近的疑似自闭症

所谓疑似自闭症，其实是指一种和自闭症相似的疾病，即孩子被困在自己的世界里，不愿敞开心扉。患病初期，孩子会出现说话晚、对身边人漠不关心、害怕变化等相对轻微的症状。但如果放任不管的话，就会恶化成无法适应幼儿园或托儿所的生活等问题。其实在医学中并不存在"疑似自闭症"这一诊断名称。只是如果孩子的症状与先天性自闭症相似，但却是其他原因造成的，常常就会用"疑似自闭症"来指称。

疑似自闭症在后天才会逐渐表现出症状

先天性自闭症在孩子出生初期就会出现症状，而疑似自闭症在这时还看不出任何苗头。通常是当母亲的养育态度出现问题时，孩子才会逐渐表现出症状。例如孩子的表情逐渐消失，不再要求妈妈做些什么了，而是专注于某个玩具或游戏，整体发育状况下滑等。幸运的是，尽管先天性自闭症难以根治，但疑似自闭症如果能在早期得到发现并加以治疗，在较短的时间内就能恢复。

原因在于对妈妈和世界的不信任感

孩子在 3 周岁前，也就是对妈妈和世界的信任感逐渐形成的阶段，如果没有得到应有的保护和关爱，就可能出现疑似自闭症的问题。例如，妈妈因为太忙没有陪孩子好好玩耍，或是代理照护者对孩子漠不关心，又或是孩子受到了持续性的压力，被迫学习超过自己能力范围的东西等。如果孩子整天跟电子设备交流，很少与人进行沟通，也可能会发生这种情况。

如果孩子出现了类似症状或是已经被诊断为疑似自闭症，首先需要改变的就是妈妈，这个与孩子建立依恋关系的人的养育态度。忽视疾病这件事会比疾病本身带给孩子的伤害更为致命。因此我建议父母应尽量在孩子 3 周岁，即负责社交和情绪部分的大脑发育的阶段之前带他们接受治疗。

第 5 章

性　格

请教教我如何才能
培养出一个性格好的孩子

　　每位父母都怀有这样的期待：真希望我的孩子能变成这个样子。其中最具代表性的就是"性格好的孩子"。因为即使是最最聪明的孩子，如果性格方面存在问题，也很难成长为一个好大人。也许正因如此，很多父母都会问："怎样才能培养出一个性格好的孩子呢？"

✱ 家庭成员间的关系会影响性格的形成

　　婴儿房里的孩子们乍一看都长得很像。但如果你仔细观察就会发现，容貌自不必说，他们面对环境和刺激的反应也各不相同。有的孩子多动，对环境变化反应较为敏感；而有的孩子却不会对刺激做出明显的反应。都说孩子就像一张白纸，但为何从这时起就已经有了如此明显的个体差异呢？

　　生命活动开始于父亲的精子和母亲的卵子合为一体的瞬间。新生儿尚不具备任何经验，也没有学习的机会，之所以会做出不同的反应和行为，是因为他们天生就带有气质方面不同的基因。但也不能仅仅用气质来解释性格，因为孩子的性格是在和出生后的成长环境不断相互作用的过程中发展起来的。我们都知道，家庭作为人出生和成长的环境，对孩子性格的形成有着非常巨大的影响。而在家庭环境中，对性格形成影响尤为重大的因素就是家庭成员之间的关系了。

❋ 得到了充分关爱的孩子就能拥有良好的性格

父母的性格、身体健康状况、心理稳定性、夫妻关系、社会和经济地位、受压力程度等都会与孩子的气质、健康、社会反应能力等相互作用。这种相互作用是如何进行的，就会以何种方式影响孩子的性格。

例如，就算是天生气质温顺的孩子，如果父母在照顾他们时因为焦虑不安而不能做出始终如一、合理恰当的反应，孩子就会体验到诸多不安，从而形成挑剔的性格。相反，即使孩子天生相对难于照顾、性格挑剔，只要父母反应得当，孩子也能稳定地与之互动，进而拥有良好的性格。在某种程度上，孩子的性格取决于父母的做法。

孩子在婴幼儿时期和父母之间形成的依恋关系的紧密程度决定了他们面对外部世界的态度，对其性格的发展也有着重大影响。也就是说，如果在婴幼儿时期与父母建立了稳定的依恋关系，孩子在日后的发育过程中就能对别人产生信任感，面对自己时也会抱着积极的想法。他们会拥有良好的社交能力，领导力强，善于探索。和父母建立了稳定的依恋关系的孩子会形成更加能够适应社会的性格。所以，如果想让孩子养成好性格，重点还是父母要忠于自己应该扮演的角色。

＊培养性格良好的孩子需要做的几件事

始终如一地对待孩子

如果父母在面对同一件事时，有时候教训孩子，有时候对孩子坐视不理，孩子就无法学习到正确的社会规范。

培养孩子的自主性

父母的过分干涉与过度保护也会成为导致孩子性格障碍的因素。孩子通过自己的力量取得的成功经验越多，就越能成长为一个充满自信的人。

给孩子满满的爱

如果在孩子3周岁之前妈妈就与其建立起了良好的依恋关系，那就可以避免孩子在情绪发育过程中出现的很多问题。如果妈妈因为患有抑郁症而对孩子表现得不耐烦，或是过度关注孩子，孩子就可能成长为一个无法控制自己情绪或不懂得关心他人的人。

父母也要坦诚地表达自己的情绪

孩子如果能够理解父母的情绪并合理地进行应对，其社交能力就会得到发展。情绪发育顺利的孩子能够很快察觉到自己和他人的情绪，并做出良好的反应。

孩子做什么都提不起劲，
整天畏首畏尾的

如果孩子总是畏首畏尾、无精打采的，难免会让父母感到担心，并因此而开始思考"孩子为什么会这么胆小？""孩子是不是有小儿抑郁症？""是我做错了什么吗？"这类问题。孩子之所以对什么事都提不起劲并且十分胆小，是因为自尊感低下，缺少一颗珍惜自己、爱自己的心。在自我形成的过程中，如果孩子的自我形象受损，就可能会出现这种问题。

⋆ 培养孩子的自尊感是第一要务

培养自尊感对于孩子的将来非常重要，而这需要父母给予孩子无微不至的关爱。

首先，请尊重孩子的需求。例如，当孩子在看书的时候，因为他们现在能够集中注意力的时间还很短，所以可能很快就会感到厌倦并将目光从书本上移开。此时一定要尊重孩子的行为，不要对此进行阻止。毕竟孩子在接受刺激的过程中也是需要时间休息的。通过这样一个个小的细节，孩子就会感觉到自己是受到尊重的，认为自身是珍贵的存在。

✳ 孩子沉浸在游戏中时尽量不要去打扰

专注力对孩子的智力和思维系统发展而言是一种十分重要的基础能力。即使孩子还很小，当受到吸引时，他们也能在一段时间内专注于某件事本身。如果孩子正在用心地看着自己的手指，那就不要去打扰他。另外，在孩子玩耍的时候，父母不能因为要给孩子洗澡、要读书给孩子听或是要出门买东西等原因而打断孩子的玩耍。为了让孩子能够全身心地投入游戏之中，父母需要给他们提供一个安静的场所作为游戏空间，这样才能够帮助孩子提高自己的专注力。

要想提高孩子的自尊感，哪怕是微不足道的事情也要让他们依靠自己的力量去实现。一点点的成功体验都能给孩子带来幸福感，让他们产生想要再次获得成功的渴望，让他们觉得自己什么事都能做到。这种感觉会成为孩子解决问题的动力，让孩子不再畏惧失败。

让这一切成为可能的首要前提就是，要给孩子创造一个稳定而幸福的家庭环境。如果父母经常吵架或表现得很沮丧，孩子就无法学会尊重和自爱。自我尊重是人类所必需的品德之一，也是孩子一生中的重要财富。父母一定要时刻记住自己在培养孩子自尊方面所应起到的重大作用。

我家孩子
怎么这么爱分心呢?

新玩具才玩了一分钟就厌倦了,绘本刚翻上三四页就把手伸向了其他书,还喜欢到处蹦跶玩耍。家里如果有这样的孩子,父母就会担心孩子是不是注意力太过涣散了,也许还会感到自责,觉得是自己的育儿方式错了。

✻是父母的态度导致了孩子注意力涣散

在这个阶段容易分心的孩子可能是受到了气质因素的影响,但大部分仍然要归因于父母的养育态度。注意力涣散的孩子,父母通常会表现出过于宽容的养育态度。虽然宽容的态度有利于培养孩子的自主性,但如果过于宽容,孩子就不能树立起一些准则,难以明白哪些事情可以做,哪些又是绝对不能触碰的底线;进而因此感到不安,正是这些不安使他们做出了一些分心的举动。

反之,如果父母对孩子的干涉过多,孩子也容易分心。在孩子专心玩耍时突然递给他另外一个玩具,或是中途插手想要跟他一起玩，孩子的注意力就会被打断，从而开始分心。所以，在孩子注意力集中的时候，最好不要轻易打扰他们。

✱ 创造能够培养孩子专注力的环境

就让孩子沉浸在他喜欢的东西上玩个痛快吧。如果孩子对同一个游戏不能保持 1 分钟以上的专注，玩一会儿就去找新的游戏，那就先从他最喜欢的游戏开始让他玩吧。先通过一个游戏来培养孩子的专注力，然后运用这一专注力来引导孩子对其他事情产生兴趣。

即使是很小的事情，只要是孩子依靠自己的力量做到的，就应该予以表扬。比如孩子自己整理了玩具或是独自看完了一整本书时，就请大方地鼓励和赞美他们吧。让孩子感受到成功的喜悦也是一种提高孩子专注力的方法。

为日常生活制定规则也是行之有效的办法。比如玩具要放回玩具箱、书要插到书架上等，父母可以为此制定规则，并且哪怕是十分细微的规则，也必须要求孩子遵守。这样不但可以改善孩子分心的问题，同时还能够消除孩子因为分心而产生的焦虑。

让孩子获得足够的营养和休息也十分重要。身体疲劳时，孩子就容易受到刺激，难以平静下来，最终导致分心。为了不让孩子轻易感到身体疲劳，就要让他们摄取充足的营养，并在安静舒适的环境下保持深度睡眠。

试着让周围的环境平和一些吧。如果家里乱七八糟，孩子就无法集中注意力，且容易变得精力涣散。经常将家里收拾整齐，控制孩子玩具的数量，并且在家的时候尽量使用平和的声音讲话。

此外，经常去人多的餐厅或商场之类的地方也可能会带来负面影响。只有避免让孩子暴露在具有刺激性的环境中，才能防止他们分心。

无论是玩耍、学习还是吃饭，最好让孩子一次只做一件事。同时进行多项活动的话，孩子自然就会分心。因此要尽可能避免让孩子一边吃饭一边看电视，或是在孩子看绘本的时候把玩具放在一旁。

孩子容易感到害怕，是不是情绪发育方面存在问题呢？

有些孩子特别容易感到害怕，遇到一点小事就会被吓一跳。也有些孩子十分抗拒黑暗的地方，还有些孩子甚至只要看到老爷爷就会哭出声。

实际上，父母并不需要把孩子们的恐惧症状看得那么严重，也不必为此过于担心。这些都不会对孩子的情绪发育造成什么问题，反而会促进孩子的情绪朝着更加丰富的方向发展。唯一需要担心的是，孩子可能会因为过度害怕而变得消极、好奇心被减弱。因此，父母应该多多给予孩子爱和勇气，呵护好他们的好奇心。

＊对和妈妈分离感到不安而引发的情绪表达

恐惧或害怕是在预先知道某事发生时自己会感到痛苦的状态下产生的一种情绪。随着孩子的成长，他们对世界的了解也在不断增加，给他们带来恐惧或害怕的事情自然也会不断变多。智力发育、情绪分化等因素也会让他们产生害怕的情绪。如果孩子一无所知，就会毫无畏惧地触摸大狗或是毒蛇。

但也有一件事情是每个孩子都会本能地感到害怕的，那就是"和妈妈分离"。因为对孩子来说，妈妈是和自己的生存息息相关的存在。没有了妈妈就无法获得食物，也就失去了可以寄托依靠的地方。

如果孩子对什么感到害怕，父母首先就要给予孩子温暖的拥抱和安慰，并尝试理解他们的感受。听到妈妈说她就在自己身边时，孩子就能克服分离焦虑，慢慢鼓起勇气向原本自己害怕的对象靠近。

＊不同的恐惧对象，不同的应对方式

每个孩子都有着不同的经历，容易刺激他们的事情、容易让他们感到恐惧的对象也并不相同。不过孩子们普遍会对黑暗以及陌生的情境、声音和人感到害怕。根据具体情况可以进行如下处理：

害怕关灯睡觉的孩子

孩子睡觉的时候不让关灯是因为半夜醒来时可能会感到不愉快。刚从睡梦中醒来的孩子因为周围一片黑暗而无法掌握情况，在这种状态下听到窗户嘎吱作响、时钟嘀嗒嘀嗒，还有轰隆隆的雷雨声，自然就会感到害怕。孩子体验过这种感觉后，就算是在白天也会不喜欢黑暗的环境，哪怕是在敞亮的天光下也要开着灯，稍微暗一点的房间就不敢自己进去，只能站在门口哭泣。

如果出现这种情况，父母平时就应该让孩子在安静的环境中睡觉。在兴奋的状态下入睡会更容易醒来，并因此而更害怕黑暗。也可以给孩子留一盏小灯，让他们在晚上睡醒时不至于太过害怕。如果是孩子独自睡觉的情况，父母就要陪在孩子身边直到他们睡着，孩子醒了也要立刻跑过去抱着哄哄他们。

一去医院就哭的孩子

15个月大之后，孩子就能记住打针时的情景了，因此一进医院就会开始哭，不管是训斥还是劝哄都不起作用。父母遇到这种情况，不妨在去医院之前和孩子玩一些小游戏，给他们一个熟悉医院的机会；此外，在休息室等地方也可以把孩子平时喜欢的玩具拿出来，帮助他们缓解紧张情绪。但是不能用"不打针身体就会更痛"这种话来威胁或吓唬孩子，这只会让孩子感到更加恐惧。

打了针并完成全部的治疗后，父母应该表扬、奖励一下孩子。总而言之，解决这个问题的原则就是，对孩子的恐惧感同身受，并给予孩子安慰。

一看到动物就害怕的孩子

有的孩子一看到动物就会吓一大跳或者号啕大哭。动物之所以吓人，是因为它们会大声吠叫或突然靠近人。一些孩子曾经被动物伤害过，自然就会留下阴影。当孩子意识到"就算靠近动物自己也是安全的"时，之后再看见动物就不会哭了。妈妈可以试着先靠近并抚摸动物，这样孩子也会慢慢与之接触。

但是需要注意，在有动物的地方就不能喝牛奶或吃点心了。动物的行为全部出自本能，它们一看到牛奶或点心就可能冲过来啃咬。

害怕陌生情境的孩子

如果孩子在陌生的情境下做出了敏感的反应，就应该想一想他们是否在妈妈不知情的情况下遇到过暴力并受到了严重惊吓。尤其是那些不喜欢嘈杂的声音、阴沉的气氛的孩子，很有可能有过这种经历，因此才变得畏畏缩缩，轻易不肯离开妈妈身边。这时为了避免孩子感到害怕，妈妈们在孩子接触新事物时最好陪在他们身边。无论在什么情况下，父母的支持和关爱都是帮助孩子消除恐惧的最强大的力量。

如果孩子害怕陌生情境，父母却对此不闻不问，那么孩子就无法发挥自身的好奇心，进而导致学习能力和学习欲望下降。

不喜欢洗澡的孩子

孩子害怕洗澡可能是因为不想为了洗澡而突然停止玩耍，或是之前曾在洗澡时眼睛或鼻子里进过肥皂泡，也可能是因为孩子的听觉或触觉过于敏感。

想要消除孩子对洗澡的恐惧，最好的方法就是妈妈和孩子在大浴缸里一起洗澡。此外，还要消除孩子不喜欢的那些因素。可以贴上防滑垫避免孩子滑倒，或是给孩子套上浴帽防止孩子的眼睛和耳朵进水。如果孩子不喜欢脱光衣服洗澡，那就先给孩子洗上半身，洗完穿上衣服后再给孩子洗下半身。此外，在水上放一些孩子感兴趣的玩具或是洗澡时给孩子看绘本也是不错的选择。

如果孩子是对浴室本身感到恐惧，那么可以尝试在客厅或房间里放置水盆或儿童浴缸来给孩子洗澡。如果还是不行，可以暂时减少给孩子洗澡的次数。强迫孩子做一些他们讨厌又害怕的事情只会让他们因此而感到巨大的压力。

第 6 章

玩耍 & 学习

都说玩乐对孩子有益，
为何如此呢？

对孩子而言，玩耍的意义并不仅仅在于能够收获快乐。成年人概念里的"玩耍"是单纯给人带来快乐的活动。而"学习"虽然无趣，却是为了达到目的而不可或缺的活动。因此，大部分家长都会把玩乐和学习分开来看，想尽办法让孩子多花时间学习。但事实上对孩子来说，玩耍本身就是一种学习。

*孩子通过游戏能够得到什么？

著名教育学家福禄贝尔^①认为，游戏是"孩子成长的过程本身"。实际上，刚出生不久的孩子也会通过吮吸手指或是观看眼前的风景来进行探索，满足自己的需求和好奇心，并从中感受到快乐。这是一个非常初阶的游戏，也是孩子适应世界的过程之一。让我们来看看孩子都能通过游戏获得些什么吧。

---

① 1782—1852 年，德国教育家，现代学前教育的鼻祖，创办了第一所称为"幼儿园"的学前教育机构，代表作有《人的教育》《幼儿园教育学》等。

净化情绪

孩子只有白天玩得开心，晚上才能睡个好觉，也只有这样，孩子的专注力、好奇心和学习能力才能得以提高。此外，如果玩耍的欲望得到了充分的满足和释放，孩子就会变得快乐又开朗，长大后也会成为一个快乐的大人，即使遇到让人难以忍受又无聊枯燥的工作，他们也会竭尽全力。

学习生活法则

福禄贝尔曾指出，在和大人一起做游戏时，孩子能领悟到教育最深刻的意义——"人生的和谐"。和妈妈一起玩耍可以让孩子体验人际关系，无师自通地学会隐藏在游戏中的生活法则。这比通过训诫或授课更容易让孩子理解，也更容易让孩子牢记。

头脑发育

游戏会让孩子对身边的新事物或新玩具等产生兴趣。在观察和体验各种新鲜事物的过程中，孩子自然而然地学到了颜色、大小等相关概念。这个过程会激发孩子的求知欲，并让孩子在求知欲被不断满足的过程中得到成长。孩子也会将现实代入游戏里，发挥自身想象力，对大大小小的问题做出自己的判断并加以解决。因此我们总说，会玩的孩子会变得更聪明。

身体均衡发育，苗壮成长

当孩子沉浸在有趣的游戏里时，或当孩子在和朋友推推拉拉、不断跑动的过程中，其身体也就自然得到了锻炼，从而实现了均衡发育。因此就算会稍微有些麻烦，也要给孩子创造足够的空间和条件，让他们能够尽情活动、玩耍，这才是给孩子提供良好的教育环境的方式。

✱ 游戏的发展阶段

很多父母为了促进孩子社交能力的发展，会经常带他们去文化中心之类的地方，努力让孩子拥有和同龄朋友接触的机会。与此同时，还会担心孩子无法和同龄朋友玩到一块，比如不愿把玩具分享给别人，或打其他小朋友。如果孩子做出上述令父母担心的行为，父母就会怀疑是不是孩子的社交能力有问题。但孩子在 3 周岁以前，其社交能力尚未得到良好发展，能够做到的本就只有探索自我和周围环境。对孩子而言，游戏可大致分为以下 3 个主要阶段。

平行游戏阶段

看看不满 3 周岁的孩子们一起玩耍时的情景就会发现，孩子会相互戳一戳、抱一抱，或是盯着对方手里的玩具看，通过这种方式来探索世界。之后又会很快转移注意力，想要和妈妈一起玩耍或是独自沉浸在属于自己的游戏里。这都是孩子发育过程中的自然表现，父母不必因此而担心孩子是不是有社交能力方面的问题。

共同游戏阶段

孩子到了 3 周岁之后就会逐渐开始懂得关心朋友，想要和朋友一起玩耍。但此时的孩子并不像成年人想象的那样，在积极的互动中玩耍，而仅仅只是和别的小朋友在同一个空间里玩同样的游戏而已。例如，孩子们一起在儿童咖啡馆里玩耍，如果有个孩子开始玩火车，其他孩子也会跟着拿起玩具火车开始玩。这被称作"共同游戏阶段"。

合作游戏阶段

孩子4周岁以后就会懂得和同龄朋友一起玩耍的乐趣了。此时比起父母，他们更喜欢跟朋友一起玩。这个阶段的游戏是通过积极的互动得以实现的。孩子会在遵守游戏规则的同时进行玩耍，还会体谅其他小朋友的心情，也会懂得让出自己的东西。通过这样的互动，孩子们的社交能力就会得到突飞猛进的发展。

想培养出聪明的孩子
应该怎么做呢?

近年来,父母对于"早期教育""英才教育"等的热情不但没有丝毫减退,反而越发深厚了。我曾在一个视频里看到某个不满 3 岁的孩子能将不少英文歌曲浅吟低唱,当时脑子里就产生了"我家孩子怎么就比不上人家……"的想法。每个父母都想培养出聪明的孩子,这个欲望是无止境的。

*孩子不是教一教就能变聪明的

严格说来,并不是通过传授知识就能让孩子变聪明的。在婴幼儿阶段,刺激孩子大脑的不是书本或玩具,而是妈妈的育儿态度和方式。如果不能认知到这个事实,只知道盲目花钱让孩子参加外教英语补习班或是学习写作的话,反而会给孩子的内心造成持久的伤害。

大家知道在来看小儿精神科的孩子里,有多少是因为早教而出现问题的吗?每当看到那些孩子时,我就会感到非常愤慨,让孩子变聪明的方式绝对不是"灌输知识"。

带孩子的人几乎每天都会对孩子说上好多次"不行""脏脏"之类的话。他们战战兢兢地担心孩子会不会不小心吃掉或碰到什么脏东西，又或是受到什么伤害。

但一句话说得太多，就会不知不觉变成习惯。有时家长为了能让自己舒服一些，就会随意限制孩子的行为，阻止孩子去做那些其实并不危险也不会把家里弄得脏乱的事情。反复念叨这些话会抹杀孩子的好奇心，这绝不是什么好事，最终甚至可能会干扰孩子的大脑发育。

*孩子的智力发育与父母给予的爱成正比

如果父母不去回答孩子的问题或总是对孩子的问题敷衍了事，却指望孩子变得聪明，这就是天方夜谭。两周岁左右的孩子大多好奇心旺盛，是个"好奇宝宝"，嘴里会时常念叨着"这是什么?""那个是怎么回事?"，满怀兴趣地对周围的一切发问。这个时候父母的回答方式会在很大程度上影响孩子的智力发育。如果希望孩子变得聪明一些，就应该尊重孩子的好奇心，诚实地回答他们提出的问题，陪他们一起去探索周围的世界。

父母的冷漠很难让孩子变聪明。这样的父母抚养长大的孩子，因为接受刺激的机会很少，就可能表现得反应迟钝，大脑活动也会显著下降。还有一些父母对孩子的事很上心，如果他们能够一直怀着这种热情去照顾孩子，陪他们玩耍，孩子的智力水平就会大大提高。

此外，如果想要培养出一个聪明的孩子，就必须尽可能多地给予孩子自由，这样才能促进他们的好奇心和探险精神的发展。如果孩子在严格的环境中成长，就容易情绪低落、学习新鲜事物的动力也会下降。尤其是经常被父母惩罚或打骂的孩子，不满情绪不断积累，他们的兴趣和热爱都会遭到打击，从而无法进行创造性思考，智力也就难以得到发育。

还需要注意的是，如果教训完之后不去安抚孩子，那么激烈的情绪就会留存在孩子的脑海里，并对他们造成负面影响。如果孩子上床睡觉的时候还对妈妈生着气，这种感觉也会延续到睡梦中，让孩子陷入不安的情绪。这对大脑的发育是非常不利的。因此，如果训斥了孩子，记得在他们入睡之前温和地安慰他们，以消除孩子脑海中的不良情绪。

小贴士

父母的这些习惯，会让孩子变笨

1. 孩子发问却毫无诚意地回答。
2. 对孩子漠不关心，懒得育儿，不照顾孩子也不陪孩子玩耍。
3. 对孩子做的每一件事加以干预和控制。
4. 教训完之后不肯给予安慰，直接让孩子睡觉。

0—2 岁孩子父母
绝不能忽视的孩子发出的
5 个危险信号

0—1岁

1 孩子见到陌生人，不会抵触或哭泣

孩子到了大概 6—8 个月大时就会开始认生。即使是再温顺的孩子，也会对陌生人保持警惕，严重时还会哭得小脸通红。认生是指能够认出妈妈，但对妈妈之外的人保持警惕。这也意味着孩子的记忆力发育到了相应的程度，已经开始具备自己的思维系统了。所以，孩子如果不太认生，甚至被第一次见到的人抱也不会哭泣，就可能是一个非常危险的信号。不管谁抱孩子都安安静静的，很有可能是因为孩子和主要照护者之间没有形成良好的依恋关系。此时，主要照护者应该经常抱抱孩子并多与孩子对视。如果孩子回避眼神交流或是较少做出反应，父母就需要找专业医师咨询了。

2 孩子对一些简单的游戏没什么反应

孩子大概 7—9 个月大的时候，看到别人脸上的表情就会察觉到对方的情绪，例如是高兴还是难过，并开始模仿他人的行为。在这个阶段的孩子玩的游戏中最具代表性的是"摇摇头""拍拍手""握拳拳"之类的。比如妈妈反复给孩子做摇头

的动作，宝宝就会在不经意间去进行模仿。对此，哈佛大学教授费利克斯·沃内肯（Felix Warneken）指出："人并不是天生就具备生存所需的所有能力，所以才会努力进行包括模仿在内的社会性学习。"他这句话强调了模仿的重要性，即孩子的模仿行为是人类为了生存而去试图学习并掌握知识与技能的一种本能。

因此，如果发现孩子对这些简单的游戏没有什么反应，甚至表现得不太情愿，或是不肯与他人进行眼神接触，只是简单地模仿一下就草草结束的话，父母就有必要怀疑孩子可能存在自闭症等社交能力发展方面的问题或是依恋障碍、焦虑障碍等情绪发育方面的异常了。遇到这种情况，父母可以试着用毛巾遮住孩子的眼睛再将其摘下来，一边与孩子进行这类游戏，一边通过和孩子对视来交流感情。如果这样做，孩子还是没有任何反应，父母就要敏锐地捕捉到孩子发出的这个危险信号了。

3 孩子对培养社交能力的游戏不感兴趣

孩子到了12个月大左右，就会对大人做的事表现出兴趣，一个人玩的时候也会开始对大人进行模仿。孩子是通过模仿大人的行为来学习社交行为并在日后将其应用到和同龄人的关系之中的。但是到了这个阶段，如果孩子关注的仍然是与感官或触觉有关的游戏，就应该认为他们可能存在某些问题了。总的来说就是，父母可以怀疑孩子是否存在认知发育迟缓或社交能力发展方面的障碍。如果出现这种情况，基于预防目的去评估孩子的发育状况是十分必要的。因为如果父母坐以待毙的话，孩子的语言认知能力、社交能力和想象力等的发展就可能会出现问题。另外，现在越来越多的家长会在孩子未满1周岁的时候就开始让他们过度观看电视或使用数码设备，这也可能会对孩子社交能力的发展造成致命的影响，需要予以重视。

4 孩子面部表情不丰富，基本上处于僵硬状态

婴儿从出生一直到周岁左右，一些基本的情绪会得到发育。这时孩子能感受到人类的基本情绪，并通过表情表达出来。孩子饿了就好好给他们喂奶，尿湿了就及时给他们更换尿布，并保证孩子有规律的生活作息，这样孩子就会保持好心情，反之就会感到不愉快。情绪发育就是这样进行的。此外，镜像神经元（mirror neuron）也会让孩子学会模仿以及察觉其主要照护者的情绪，并学习如何表达自己的情绪。

然而，如果孩子天生气质敏感，生理调节和感知调节状况不佳，那么情绪调节就会很困难，从而长期处于焦虑、不愉快的状态之中。这样一来，原本需要通过与他人进行情感交流来实现的情绪发育就无法顺利进行，最终会在认知和情绪表达等方面出现问题。即使孩子出生时一切正常，如果父母不加以适当保护，或是其主要照护者存在情绪障碍（如抑郁症等），那么孩子就会失去在情感上获得共鸣的机会，负责情绪的大脑神经网络就无法受到足够的刺激，孩子长大后就会缺乏认知能力和情绪表达能力。

如果孩子相比其他小朋友面部表情太少，即使受到快乐的

刺激也只能表现出短暂的兴趣，然后马上再次投入到只属于自己的游戏中去的话，那么就有必要留意孩子是否存在情绪发育方面的问题了。如果确实如此，最好是和孩子进行长时间的眼神交流，通过"我家ＸＸ生气了呢""我们ＸＸ很喜欢这个呢"之类的话来帮助孩子认识自己的情绪，并以"我们ＸＸ很喜欢，所以妈妈也很喜欢"等方式向孩子传达情感上的共鸣。如果这样做了也无济于事，孩子还是不太关心妈妈的感受，只喜欢一个人玩耍，还动不动就发脾气的话，就应该联系专家查明原因并带孩子接受治疗。

5 妈妈的产后抑郁症可能是最大的问题

经常有一些妈妈在看到孩子时不但不高兴，反而流露出担心的情绪。在分娩后的3—6天里，有50%的孕妇会出现产后情绪障碍，这也被称为"产后抑郁情绪障碍"。不过大部分症状都很轻微，两到三天就会恢复。但是产后情绪障碍偶尔也会发展为产后抑郁症。产后抑郁症不光会让妈妈自己，还会让新生儿和身边的家人全都陷入不幸。

产后抑郁症通常伴随着抑郁和焦虑情绪，具体表现为失眠、饮食障碍、神经过敏、精神衰弱、错误地解释婴儿发出的信号、记忆障碍和思维障碍等症状。它通常发生在分娩10天之后，并可能持续1年以上。大概有10%—15%的产妇会经历产后抑郁症。也有研究结果表示，产后抑郁症会对婴儿的认知能力和发育产生影响，因此需要密切关注。下面是爱丁堡产后抑郁症自查表，请勾选最符合自己情况的数字，如果勾选的数字之和超过 13，就可以认为自己处在产后抑郁症的初期阶段，那么请务必接受专家的咨询和治疗。

爱丁堡产后抑郁症自查表

1. 笑得出来，能发现事物有趣、吸引人的一面。

0 与之前一样

1 与之前相比略有减退

2 与之前相比有较大减退

3 完全不符合

2. 以愉快的心情期待着未来会发生的事。

0 与之前一样

1 与之前相比略有减退

2 与之前相比有较大减退

3 几乎不符合

3. 某件事出了问题，我就会过度责怪自己。

0 完全不符合

1 不太符合

2 比较符合

3 几乎总是如此

4. 曾无缘无故感到不安或焦虑。

0 完全不符合

1 几乎不符合

2 偶尔如此

3 经常如此

5. 曾无缘无故感到害怕或恐惧。

0 完全不符合

1 不太符合

2 偶尔如此

3 经常如此

6. 各种事情都让自己感到吃力。

0 跟平时一样能把事情做得很好

1 能够胜任大部分事情

2 偶尔如此，比从前做得差些

3 大部分时候都如此，完全无法胜任

7. 觉得自己非常不幸，难以正常入睡。

0 完全不符合

1 并非经常如此

2 偶尔如此

3 大部分时候如此

8. 感到悲伤或悲惨。

0 完全不符合

1 不太符合

2 偶尔如此

3 大部分时候如此

9. 觉得自己不幸并因此而哭过。

0 完全不符合

1 极少数时候如此

2 经常如此

3 大部分时候都如此

10. 产生过想要自残的冲动。

0 完全不符合

1 不太符合

2 偶尔如此

3 经常如此

1—2 岁

1 孩子几乎没有表达过喜恶

1—2 周岁的孩子心理发育的最大特征是自我认同感的形成。婴儿最初并不能很好地将自己和主要照护者区分开来，但到了某个瞬间突然就会表达不乐意或是不断摇头了，就是从这个时候开始，孩子逐渐形成了自我意识。但是有些孩子在任何情况下都不肯表达自己的意愿，只懂得按照外界的要求去做，做着做着就会大喊大叫耍赖皮。如果这种状态持续下去，孩子在心理层面的自我发育不完善，就会导致语言表达能力低下，并且对他人或外部刺激的积极应对能力也无法得到良好发展，甚至会出现整体发育迟缓的问题。

如果孩子不太爱表达自身的喜恶，父母自然会觉得很沮丧，但也绝对不能因此而强迫孩子去表达。这时，父母首先需要做的是读懂孩子的心声，对他们说"看来你心情不太好呢""看样子你是想玩火车"这类的话，然后等孩子自己采取行动。如果这样也不能得到孩子的任何反应，孩子仍一直停留在自己的世界里的话，父母就要小心翼翼地告诉孩子自己的立场"妈妈想要……"，以此来引领孩子做出反应。父母也要经常对孩子说"我们 XX 也能做得像妈妈一样好"。哪怕孩子只是做出了一点点尝试，也要表现出关注并做出积极反应。

2 孩子的整体控制能力不佳

孩子满周岁以后，睡眠、饮食等基本生理层面上的习惯会开始具备一定的规律性，也能对各种感官刺激进行调节与整合了。但有时即使孩子已经到了 18—24 个月大，也还是会被一些轻微的声音吓一大跳，对特定的声音、刺激和场所感到极度厌恶，想要带他外出颇为费劲。这种情况的孩子一般不太能够睡得好觉，经常半夜醒来，睡眠节奏非常不规律。如果父母对此坐视不管，孩子就会一直被不愉快的情绪笼罩着，不愿意去积极探索周边环境，甚至出现认知、情绪、语言发育方面的问题，因此建议父母尽早带他们接受治疗。

首先，需要对孩子的感官敏锐度、体态、平衡感等进行专业的评估，如果存在异常，还需要做一个综合发育评估，看看孩子在其他方面的发育是否正常。如果的确出现了问题，最好在孩子 3 岁之前，通过感官综合治疗和父母教育疗法（一种不会触动孩子敏锐的感官的技术）加以矫正。如果将感官过度敏感的孩子早早送到保育机构，可能会让他们暴露在过多的刺激之下，增加孩子的焦虑情绪或让其产生回避行为，因此最好是在矫正结束之后再把孩子送过去。

3 孩子一和妈妈分开就会睡不着觉

孩子从大约 6 个月大的时候开始就会有选择地与人建立依恋关系，到了 1 周岁左右，就会表现出非常明显的分离焦虑，一刻也不愿离开妈妈身边。但是如果顺利度过了这个时期，孩子就能够变得独立起来。离开妈妈独自活动的距离会越来越大，和妈妈分开的时间也会越来越长。但有一部分孩子即使过了18个月，也还是只想跟妈妈黏在一起。如果妈妈不在身边，就可能突然从睡梦中醒来哭泣，分离焦虑变得越来越严重。

在这种情况下，尽快找出原因非常重要。是因为远离父母，还是因为主要照护者的频繁更换，又或是因为主要照护者存在情绪焦虑的问题，导致孩子的依恋关系出现了不稳定性？此时即使妈妈在休息，也要先以稳定的情绪继续照顾孩子，安抚孩子内心的不安。

即使身处相对安定的环境，如果孩子天生气质敏感、容易焦虑，也可能会表现出比较严重的分离焦虑。此时，父母就需要从孩子的需求出发，接纳孩子想要建立依恋关系的欲望。父母必须满足孩子对于关爱的需求。但如果已经尽了全力，孩子的状态仍然没有好转的话，那么就有必要让孩子接受游戏心理治疗和父母教育疗法了。

4 孩子只关注某些感受和特定游戏

通常来说，孩子过了1周岁就会突然开始对周围的所有刺激表现出兴趣并通过模仿大人的行为来感受快乐了。但也有一些孩子只关注某些感受和特定游戏，比如反复玩汽车，不停地开关门，不停地扯自己头发。如果父母因为看不下去就去抢孩子不肯松手的玩具或是硬让他们玩些别的的话，孩子就会开始大喊大叫，表现出严重的抵触行为。如果在这种情况下，父母不采取任何措施，孩子就可能因为没能学到其他领域的知识技能而出现认知发育不均衡的问题，例如大脑某些特定功能低下，从而导致某些学习障碍、自闭症以及与社交能力相关的大脑发育出现问题等。

因此，如果孩子过分执着于某一两种玩具或是刺激，最好带他们去接受专家的咨询和治疗。如果孩子天生在气质上存在严重的焦虑情绪，可以让他们接受游戏心理治疗。还可以通过地板时光疗法^①等父母教育项目来让父母学习如何正确照顾孩子。有严重的强迫倾向或自闭症的孩子越早接受治疗越好。因此，如果你认为你的孩子存在问题，就应该尽快向专家求助。但有些孩子可能就是喜欢沉溺于某些特定游戏，过了3岁之后发育就正常了，因此父母也要注意不要让自己草率的判断和担忧引发无谓的问题。这一点也很重要。

5 孩子太固执己见了

大多数孩子到了2岁左右就会产生强烈的主见，固执耍性子的情况也会变多。虽然并不是完全没有眼力见儿，但是这时的孩子还无法很好地控制自己的欲望和冲动，因此就会耍赖，严重时还会坚持以自我为中心，无法读懂他人的感受和想法，也无法与他人产生共鸣。如果孩子在幼儿园里打了别的小朋友，非但没有歉意，反而还会埋怨责怪老师，就说明孩子可能存在这种问题。这样的孩子在对待自己的弟弟妹妹时也坚决不

---

① 地板时光疗法（floortime），一种强调儿童的情感体验和想象力的培养，强调人际关系的互动、个人活力和大量而密集的运动游戏干预。（摘自知乎天津曦悦儿童发展中心的回答。）

肯让步，抢了其他孩子正在玩的玩具时也不会道歉。

　　遇到这种情况，大部分的父母和老师都只会认为"我家孩子比较固执""他属于比较有主见的类型"，觉得等孩子长大一些情况自然就会好转。但如果孩子过于固执，完全无法理解他人的立场，适应能力也很差的话，就可以认为孩子的问题已经有些严重了。这时需要直视孩子的眼睛，告诉他们"你这样做让妈妈不高兴了"，把自己的感受和想法传达给孩子，并好好观察孩子听到这些话时的反应。如果孩子能够理解还好，但如果孩子回避妈妈的视线或是始终不能理解他人的立场且继续坚持自己的立场的话，就应该及时帮助他们找出原因并加以纠正。

图书在版编目（ＣＩＰ）数据

婴幼儿心理百科. 0—2岁 : 新修版 / (韩) 申宜真
著 ; 任李肖垚译. -- 贵阳 : 贵州人民出版社, 2023.3
 ISBN 978-7-221-17462-8

Ⅰ.①婴… Ⅱ.①申… ②任… Ⅲ.①婴幼儿心理学
Ⅳ.①B844.12

中国国家版本馆CIP数据核字(2023)第025032号

<신의진의 아이심리백과>0—2세
By 신의진 申宜真
Copyright ©2020
All rights reserved.

Simplified Chinese edition © 2023 Ginkgo (Shanghai) Book Co.,Ltd.
This translation rights arranged with Maven Publishing House
Through Linking-Asia International Co.,Ltd（连亚国际文化传播公司）
本书中文简体版权归属于银杏树下（上海）图书有限责任公司。
著作权合同登记图字：22-2022-127号

婴幼儿心理百科（0—2岁）（新修版）
YINGYOUER XINLI BAIKE(0—2 SUI) (XINXIUBAN)

著　　者：［韩］申宜真
译　　者：任李肖垚
选题策划：后浪出版公司
出版统筹：吴兴元　　　　　　　　　编辑统筹：王　頔
特约编辑：谢翡玲　　　　　　　　　责任编辑：苏　轼
封面设计：柒拾叁号
出版发行：贵州出版集团　贵州人民出版社
地　　址：贵阳市观山湖区会展东路SOHO办公区A座
邮　　编：550081
印　　刷：天津中印联印务有限公司
版　　次：2023年3月第1版
印　　次：2023年3月第1次印刷
开　　本：889毫米×1194毫米　1/32
印　　张：9.75
字　　数：205千字
书　　号：ISBN 978-7-221-17462-8
定　　价：60.00元

贵州人民出版社微信